◆ "十三五"高职高专规划教材

中华茶艺

ZHONGHUA CHAYI

主编◎李倩

副主编◎廖大松　杨光辉

四川大学出版社

责任编辑:梁　平
责任校对:卢娅娟
封面设计:璞信文化
责任印制:王　炜

图书在版编目(CIP)数据

中华茶艺 / 李倩主编. —成都:四川大学出版社,
2016.10
ISBN 978－7－5614－9988－7

Ⅰ.①中…　Ⅱ.①李…　Ⅲ.①茶文化－中国－高等职
业教育－教材　Ⅳ.①TS971.21

中国版本图书馆 CIP 数据核字（2016）第 250912 号

书　名	中华茶艺
主　编	李　倩
出　版	四川大学出版社
地　址	成都市一环路南一段 24 号 (610065)
发　行	四川大学出版社
书　号	ISBN 978－7－5614－9988－7
印　刷	郫县犀浦印刷厂
成品尺寸	185 mm×260 mm
插　页	8
印　张	7.75
字　数	210 千字
版　次	2016 年 10 月第 1 版
印　次	2020 年 8 月第 4 次印刷
定　价	30.00 元

◆ 读者邮购本书,请与本社发行科联系。
　电话:(028)85408408/(028)85401670/
　(028)85408023　邮政编码:610065
◆ 本社图书如有印装质量问题,请
　寄回出版社调换。
◆ 网址:http://press.scu.edu.cn

版权所有◆侵权必究

彩图一　八马式乌龙茶茶艺

第一道　白鹤沐浴

第二道　乌龙入宫

第三道　悬壶高冲

第四道　春风拂面

第五道　祥龙行雨

第六道　凤凰点头

第七道　赏色闻香　　　　　　　　　　　　第八道　品啜甘露　敬杯谢茶

彩图二　长嘴壶茶艺　龙行十八式

吉龙献瑞——保存本真，福音有报

——刚毅果断，至刚至柔

乌龙摆尾——循循善诱，慧眼识人

惊龙回首——防微杜渐，知错而返

白龙过江——谦和之美，君子永持

祥龙行雨——德容万物，风水流转

潜龙腾渊——审时度势，待机而发

威龙出水——突破制碗，缔结成功

异龙行天——伺机而动，平稳过渡

青龙入海——合理定位，激发潜能

神龙抢珠——宽容处事，放任有度

战龙在野——怀才不显，中正处事

亢龙有悔——一日三省，洁身自好

飞龙在天——志向坚定，平步青云

猛龙越海——恩威并用，宽猛相济

游龙戏水——变中不变，不变有变

龙吟天外——巧借外力，扶摇直上

龙转乾坤——极度困境，幽客思变

彩图三　情景茶艺——梁祝　双手泡玫瑰红茶调饮茶艺

彩图四　情景茶艺——太极茶艺　工夫茶小壶泡法

2014 级郭潇同学在第十六届中国国际教育年会上表演茶艺节目

茶艺表演队参加意大利世博会茶文化交流及第十六届中国国际教育年会

跟随国家对外友好协会在美国加州表演交流

为新东方教育集团董事长俞敏洪表演茶文化节目

出演东坡与王弗主题茶文化舞台剧，宣传东坡茶文化

参加四川省职业技能大赛包揽多项一等奖、二等奖后与四川茶文化协会会长张晶合影

2015 级王怡欣同学参加全国寻找最美茶艺师大赛获得南方赛区最美茶艺师称号

学院茶艺表演队应邀担任茶文化宣传大使拍摄青神县白茶节宣传片

宋代四雅——点茶

宋代"茶百戏"

情景茶艺

郭潇同学参加意大利米兰世博会担任茶文化交流大使

前　言

20 世纪 90 年代末期，茶艺作为一种职业被列入职业大典，填补了服务行业中的一项空白。同时，也催生了一种新的休闲场所——茶艺馆。

茶，是中国的"国饮"，蕴含了深厚的传统文化。如今，饮茶已经成了一种文化艺术。随着社会的发展、人们生活品位的提升，茶艺这一传统的文化必然能进入社会、陶冶人们的情操，将人们带入大雅之堂！

本书是一本内容充实、知识面较宽、图文并茂、实用性强的专业教材，包括了茶叶发展史、茶叶知识、茶艺表演及眉山当地茶文化情况等相关内容，具有以下特点。

（1）先进性。围绕学生职业能力的培养，选择内容、设计形式、编排顺序，既充分反映酒店行业新知识、新规范、新信息与新技能，又充分反映旅游酒店职业教育教学改革的新理念、新要求、新特点与新形式。

（2）新颖性。以项目教学为主线安排结构，设有项目介绍、任务描述、综合实训等栏目，并且配有丰富的图片资料，形式活泼，可读性强。

（3）仿真性。按旅游酒店行业职业岗位群创设学习情境，引导学生在仿真的情境中反复练习，形成职业能力。

（4）综合性。在关注生产过程的同时，兼顾相应职业资格考试要求。在相关教材中专门列明职业资格考试的要求，把学历教育与职业资格考试有机结合起来，为学生在取得学历的同时获取职业资格证书奠定基础。

本教材由眉山职业技术学院商贸旅游系酒店管理教研室编写，本书人物插图来源于酒店管理专业茶艺队学生，四川长嘴壶茶艺当中的一部分内容由四川省茶文化协会副会长廖大松先生编写。笔者在编写过程中查阅了大量的报纸杂志、相关论著等，并吸取了其中的有益成果，同时，还得到四川省茶文化协会会长张晶女士、四川茶文化协会副会长廖大松先生、成都九莲禅悦宋娅菲女士等众多人士的大力支持，也得到了同行的指导，在此谨表示衷心感谢！

同时，恳请广大教师、茶艺工作者以及广大读者对教材提出宝贵意见和建议，以便不断改进。

编　者

2016 年 10 月

目　　录

第一章　茶

茶属于山茶科，为常绿灌木或小乔木植物；茶树喜欢湿润的气候，在我国长江流域以南地区广泛栽培。茶树叶子经杀青、发酵等制成茶叶，泡水后使用，有强心、利尿的功效。饮茶起源于中国，中国有很长的饮茶历史，最早可以追溯到石器时代。

第一节　历史渊源概述

根据找到的大量实物证据和文史资料显示，世界上其他地方的饮茶习惯、种植茶叶的习惯都是直接或间接地从中国传过去的，所以人们普遍认同饮茶就是中国人首创的。在欧洲，英国人曾说饮茶的习惯不是中国人发明的，而是印度人。1823年，一支英国侵略军队的少校在印度发现了所谓的野生的茶树，因此有人开始认为茶的发源地在印度。但是有人指出这些茶树种其实是英国人从中国运过去栽种的，而且在印度几千年的历史中从未发现过有野生茶树的相关记载，也没有人在当地制茶。而且他们都犯了一个最基本的逻辑错误，包括茶树植物在内的植物是一直都存在的，有的存在的时间甚至比人类的历史都要长，我们不能说哪里有茶树，哪里就是制茶、饮茶的发源地。根据考古发现，人类制茶、饮茶的最早记录都在中国，最早的茶叶成品实物也在中国，所以中国才是饮茶的真正发源地。

一、茶树起源地

西南说。"我国西南部是茶树的原产地和茶叶发源地。"这一说法所指的范围很大，所以正确性就较高了。

四川说。清代顾炎武的《日知录》记载："自秦人取蜀以后，始有茗饮之事。"言下之意，秦人入蜀前，今四川一带已知饮茶。其实四川就在西南，如果四川说成立，那么西南说就成立。四川说要比西南说"精准"一些。

云南说。认为云南的西双版纳一带是茶树的发源地，这一带是植物的王国，存在原生的茶树种类完全是有可能的，但是这一说法具有"人文"方面的风险，因为茶树是可以原生的，而茶则是活化劳动的

成果。

川东鄂西说。陆羽的《茶经》中记载："其巴山峡川,有两人合抱者。"巴山峡川即今川东鄂西。该地有如此出众的茶树,是否就有人将其制作成了茶叶,尚无证据。

江浙说。最近有人提出饮茶始于以河姆渡文化为代表的古越族文化。江浙一带目前是我国茶叶行业最为发达的地区,饮茶历史若能够在此生根,倒是很有意义的话题。其实笔者认为在远古时期肯定不止一个地方有自然生长的茶树存在,但有茶树的地方也不一定就能够发展出饮茶的习俗来。前面说到茶是神农发明的,那么他在哪一带活动?如果我们求得"茶树原生地"与"神农活动地"的交集,也许就有答案了,至少是缩小了答案的"值域"。

二、发源时间

中国饮茶起源众说纷纭。追溯中国人饮茶的历史,有的人认为起源于上古神农氏,有的人认为起于周,认为起于秦汉、三国的说法也都有。造成众说纷纭的主要原因是唐代以前"茶"字的正体字为"荼",唐代《茶经》的作者陆羽,在文中将"荼"字减一画而写成"茶",因此有人说茶起源于唐代。但实际上这只是文字的简化,而且在汉代就已经有人用"茶"字了。陆羽只是把先人饮茶的历史和文化进行总结,饮茶的历史要早于唐代很多年。

神农说。唐代陆羽的《茶经》中记载:"茶之为饮,发乎神农氏。"在中国的文化发展史上,往往是把一切与农业、与植物相关的事物起源最终都归结于神农氏。而中国饮茶起源于神农的说法也因民间传说而衍生出不同的观点。有人认为茶是神农在野外以釜锅煮水时,刚好有几片叶子飘进锅中,煮好的水,其色微黄,喝入口中生津止渴、提神醒脑,神农以过去尝百草的经验,判断它是一种药而发现的,这是有关中国饮茶起源最普遍的说法。另有说法则是从语音上加以附会,说是神农有个水晶肚子,由外观可得见食物在胃肠中蠕动的情形,当他尝茶时,发现茶在肚内到处流动,查来查去,把肠胃洗涤得干干净净,因此神农称这种植物为"查",再转成"茶"字,而成为茶的起源。

西周说。晋代常璩的《华阳国志·巴志》中记载:"周武王伐纣,实得巴蜀之师……茶蜜……皆纳贡之。"这一记载表明在周朝的武王伐纣时,巴国就已经将茶与其他珍贵产品纳贡与周武王。《华阳国志》中还记载,那时就有了人工栽培的茶园了。

秦汉说。现存最早较可靠的茶学资料是在汉代,以王褒撰的《僮约》为主要依据。此文撰于汉宣帝神爵三年(前59)正月十五日,是在《茶经》之前茶学史上最重要的文献,其笔墨间说明了当时茶文化的发展状况。

"烹茶尽具""武阳买茶"经考该"茶"即今"茶"。由文中可知,茶已成为当时社会饮食的一环,且为待客以礼的珍稀之物,由此可知茶在当时社会地位的重要性。

三、武阳买茶,烹茶尽具

(一)王褒的《僮约》与武阳茶肆

蜀郡王子渊,以事到湔,止寡妇杨惠舍。惠有夫时一奴名便了,子渊倩奴行酤酒,便了提大杖上夫冢巅曰:"大夫买便了时,只约守冢,不约为他家男子酤酒也!"子渊大怒曰："奴宁欲卖邪?"惠曰："奴大杵人，人无欲者。"子渊即决买，券之。奴复曰："欲使便了，皆当上券；不上券，便了不能为也!"子渊曰："诺!"券文曰：神爵三年正月十五日，资中男子王子渊，从成都安志里女子杨惠，买亡夫时户下髯奴便了，决贾万五千。奴当从百役使，不得有二言。晨起洒扫，食了洗涤。居当穿白缚帚，裁盂凿斗。浚渠缚落，钮园研陌。杜牌埠地，刻木为架。屈竹作杷，削治鹿卢。出入不得骑马载车，蹼坐大呶。下床振头，捶钩刈刍，结苇躝纑。织履作粗，黏雀张乌。结网捕鱼，缴雁弹兔。登山射鹿，入水捕龟。后园纵养，雁鹜百余。驱逐鸱乌，持梢牧猪。种姜养芋，长育豚驹。

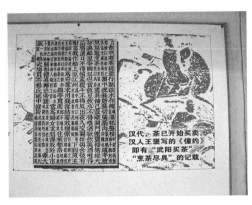

王褒《僮约》

粪除堂庑，馁食马牛。鼓四起坐，夜半益刍。二月春分，被堤杜疆，落桑皮棕。种瓜作瓠，别茄披葱。焚槎发畤，垄集破封。日中早慧火，鸡鸣起春。调治马户，兼落三重。舍中有客，提壶行酤，汲水作哺。涤杯整案，园中拔蒜，斫苏切脯。筑肉臛芋，脍鱼炰鳖，烹茶（茶）尽具，已而盖藏。关门塞窦，馁猪纵犬，勿与邻里争斗。奴但当饭豆饮水，不得嗜酒。欲饮美酒，唯得染唇渍口，不得倾杯覆斗。不得晨出夜入，交关伴偶。舍后有树，当裁作船，下至江州上到煎，主为府掾求用钱。推纺垩，贩棕索。绵亭买席，往来都雒，当为妇女求脂泽，贩于小市。归都担枲，转出旁蹉。牵犬贩鹅，武阳买茶（茶）。杨氏担荷，往来市聚，慎护奸偷。入市不得夷蹲旁卧，恶言丑詈。多作刀矛，持入益州，货易羊牛。奴自交精慧，不得痴愚。

王褒的《僮约》是中国茶文化史上具有划时代意义的极为重要的历史文献，其中的"武阳买茶，烹茶尽具"在茶文化史上广为流传，并为最早记载出现茶叶市场的史书。我们在茶文化文献中可以知道茶为贡品、祭品，在周武王伐纣时或者在先秦时就已出现。而茶作为商品，最早的记载就是在王褒的《僮约》里，即西汉时期出现。王褒用简单幽默的句子描绘了西汉时期四川农业和畜牧业发展的宏观情况。从王褒《僮约》的译本里，得知西汉宣帝神爵三年（前59）正月里，资中（现今四川资阳）人王褒去四川省成都游学，并长期居住在一个寡妇家里，这个寡妇叫作杨惠。杨氏家中有个名叫"便了"的髯奴，王褒经常让他去买酒。便了认为王褒不是自己的主人，因王褒是外人，又是一个男人，并且怀疑他可能与女主人杨氏有一些暧昧，出于对工作的抵触和对男主人的忠诚，替他跑腿很不情愿。有一天，他跑到主人的墓前倾诉不满，说："主人，您以

前买我的时候，只是让我待在家里，并没有让我给其他男人买酒。"后来，王褒知道后非常生气，一气之下与杨氏商量，想个办法治治便了，于是在元宵节这一天，王褒花了一万五千钱从杨氏手中买下便了为奴。便了跟了王褒，极不情愿，可也无可奈何，因为古代奴人需要跟随主人意愿和买卖。但他还是在写契约时向王褒提出："既然我已卖给了您，您也应该像当初杨家买我时那样，将以后凡是要我干的事明明白白写在契约中，要不然我可不干。"而便了哪里知道，这王褒是西汉时期的辞赋家，这人擅长辞赋，精通六艺，为了教训便了，使他服服帖帖，便随笔写下了一篇长约六百字题为《僮约》的契约，列出了名目繁多的劳役项目和干活时间的安排，使便了从早到晚不得空闲。契约上繁重的活儿使便了难以负荷。他痛哭流涕地向王褒求情说，如是照此干活，恐怕马上就会累死进黄土，早知如此，情愿给您天天去买酒。

这篇《僮约》从文辞的语气看来，不过是作者的消遣之作，文中不乏揶揄、幽默之句。但王褒就在这不经意中，为中国茶史留下了非常重要的一笔。《僮约》中有两处提到茶，即"脍鱼炰鳖，烹茶（茶）尽具"和"武阳买茶（茶），杨氏担荷"。"烹茶（茶）尽具"意为煎好茶并备好洁净的茶具，"武阳买茶（茶）"就是说要赶到邻县的武阳（今成都以南彭山县双江镇）去买回茶叶。对《华阳国志·蜀志》中"南安、武阳皆出名茶"的记载，则可知王褒为什么要便了去武阳买茶。从茶史研究而言，茶叶能够成为商品上市买卖，说明当时饮茶至少已开始在中产阶层流行，足见西汉时饮茶已相当盛行。王褒用了一系列整齐的对偶句，形象生动、惟妙惟肖地将客人来后仆人应该做的事情用契约的形式规定下来，表现了西汉时期四川农业畜牧业的发展和人们生活的宏观图景，同时文章也暗藏玄机，对忤逆他而不肯去打酒的便了进行报复，出了一口恶气。可能他本人也没有想到，几百字的《僮约》，竟为日后茶文化做出了如此之大的贡献。

在此还有必要赘述一点，美国茶学权威专家威廉·乌克斯在其《茶叶全书》中说："5世纪时，茶叶渐为商品。""6世纪末，茶叶由药用转为饮品。"他如果看到王褒的这篇《僮约》，恐怕不会说得如此武断，因为《僮约》提到"武阳买茶（茶）"这件涉及商品茶的事实的确切时间是公元前59年的农历正月十五，比《茶叶全书》所谓的5世纪要提前500年。

（二）彭山县志与武阳

彭山区是四川省眉山市市辖区，古称武阳。彭山辖区面积达465.32平方公里，辖9镇4乡，2012年总人口有33万。中国最早的茶市武阳茶市便在彭山区，至今为止武阳茶市还存在着，在武阳最为出名的彭祖山上还存在上千年的茶树。这里是历史长寿之人彭祖的养生之所，也是以孝为名的《陈情表》的作者李密的故乡。在这里"长寿"与"孝道"一直发扬到现在。在彭山县志上记录汉武阳茶肆，详细记载了武阳茶肆旧址在上江口桥篓子与横街子一带。汉代时，江口称为彭亡聚。《华阳国志·蜀志》记载：武阳、南安（今乐山市中区）产名茶。西汉王褒的《僮约》中记载"武阳买茶（茶），烹茶（茶）尽具"为世界历史有关茶叶市场的最早记载。

据彭山县志记载，西汉时期，武阳县和犍为郡冶衙所在地，在晋代这里被称为合水，因为是岷江与南河交汇处，具有历史和人文底蕴。这里有国家级文物保护单位的汉代崖墓，也有张献忠沉银的故事，还有长寿文化的根基。直到现在，居住在这里的百姓仍然有饮茶的风俗习惯。汉代开始，武阳便是彭山区的经济文化中心，据记载，这里曾经繁华如织。当初成都及川西部分地区下行出川的茶叶在此汇合，顺岷江东下。而古代运输多靠水路，可以想象当时的繁华。同时，江口一带茶林密布，产量颇为丰富，制茶工艺已经有相当高的水平，江口又当水陆要冲，每日船只林立、商旅如云，茶叶远销中原与荆楚等地。宋代以后，在"米珠薪桂""茶（荼）贱如糠"的情况下，武阳茶林逐渐荒芜，武阳茶生长在临岷江、府河一带的山坡丘陵。相传，仙女山一带有地仙居住，白天霞蔚云蒸，夜来神灯晚照，名茶乃地仙护卫种植，所以如此鲜美出色。于是这一带的茶山名为神灯山、仙女山等。3月芽苞初长，是采摘春茶的最佳季节，制作饮之，色清黄而碧绿，味道清香而醇厚。

20世纪60年代，中国边界争端中，印度以印度是世界茶叶发源地，同时西藏在历史上用的茶叶来自印度，很早就有边茶供应为由，提出对边界某些地区拥有主权。为维护祖国的主权，党和国家组织了专家和学者对中国茶叶发展史进行研究考察，多次到实地考证武阳茶肆遗址，并且指出，早在西汉年间，我国著名学者王褒所著《僮约》记载了"武阳买茶（荼），杨氏担荷"，是世界历史上最早记载茶叶市场的文献，反映了西汉时期武阳煮茶、卖茶的情景，比印度的证据早了几百年。

20世纪六七十年代，省地县还拨专款在这里种植茶园，中日合拍的《话说长江》以及在此拍摄的《世界茶叶发源地》《武阳茶市》《茶叶的故乡》《茶叶史话》等在国内外放映。

（三）武阳茶市遗址考证

《僮约》中描述的茶市究竟在何处？在国内文献综合搜索中，我们可以看到学者们分别提及武阳、武都、武担三地的政治经济和交通等情况来研究考证，研究结果却是众说纷纭，而目前绝大多数文献认为武阳茶肆即现今四川省眉山市彭山区。笔者分别走访研究了武阳、武都、武担山三地。

史书上的武都记载有两处，其一，是说成都位于甘肃省东南部、白龙江中游地带，地处秦岭与岷山之间，秦巴山系结合部，甘肃、陕西、四川三省交通要道，长江支流白龙江从武都城区流过，地理位置属于南方地区。武都作为地名，始于先秦。《蜀王本纪》中有"武都人有善知，蜀王者将其妻女适蜀……武都丈夫化为女子，颜色美好，盖山之精也……蜀王发卒之武都担土，于成都郭中葬之"的记载。《华阳国志·卷三》中有"乃遣五丁之武都担土为妃作冢"的记载。"武"，扬秦人威武拓疆之意；"都"，水之聚也。师古曰："以有天池大泽，故谓之都。"（《汉书·地理志·武都》）。秦始皇用武力拓疆，破白马氏至天池大泽，故称武都。从以上内容得知，汉代时的武都是少数民族居住之地，汉代设置郡县的十多个年头，仍然不太平静，经济上不发达，交通上不便利，更何况周围数十公里本来就不产茶，而且甘肃武都一地居民并没有饮用茶叶的习惯，故此推断武都不是当时茶市所指。其二，说是在四川省北部现在的绵阳广汉一带的地方，古称是武都。在公元420年，南朝宋置郡，它的故城在四川绵竹县西北，因为受到西北地区影响，又是少数民族杂居的地方，他们的语言服饰和风俗习惯都保持着自己的独特风格。但是经过查阅该地县志，我们可以看到四川武都的设置，要比王褒的《僮约》问世约晚四百年，可见茶市不在四川武都。

武担山，是在现在的成都市老城区西北角的北较场内，相传为古蜀王开明王妃的墓冢。据西晋人常璩所著的史料《华阳国志》记载："武都有一丈夫，化为女子，美而艳，盖山精也。蜀王纳为妃。不习水土，欲去。王必留之，乃为《东平之歌》以乐之。无几，物故。蜀王哀念之，乃遣五丁之武都担土为妃作冢，盖地数亩，高七丈，上有石镜，今成都北角武担是也。"唐宋时期，这座山曾是著名的游览区，诗圣杜甫曾登此山，作有《石镜》，后文人骚客也登山望景，如薛涛、陆游等都有写此景的绝妙佳句。今天的武担山，仍然是一处世外桃源，这说明武担山从来就不是什么茶叶市场，而是人们游览的胜境。

武阳县，在汉武帝建元六年（前135）是古代蜀国著名城市。扬雄《蜀记》证实武阳在历史上是政治、军事必争之地（见《后汉书》），也有记载武阳为秦汉统一时期的中国提供了雄厚的财力和物力。《华阳国志·蜀国传》也说"南安（四川省夹江县）、武阳（四川省彭山县东）皆出名茶"，以上是历史有名的物质佐证。

综合文献史书，证实汉代的武阳，就是当时的政治、经济、文化的中心城市，而且四周以产名茶而著名，又地处于岷江河流，下通乐山、宜宾、重庆，上接新津、邛崃，水陆交通异常发达。而水陆交通的发达处则是古代经济文化中心，具有江汉流域文化。更何况临接蒙顶山上茶的雅安，在这样的条件下，当然有充分理由形成汉代有名的茶叶市场。更重要的是在《华阳国志·蜀志》中记载，武阳自古以来出好茶。写下这份记录的常璩公是公元4世纪中期的人，与王褒《僮约》相差的时间并不长。而且我们在《太平御览》卷五百八十九时看到作者引用《僮约》的注释"武都县出名茶"，虽然这个注释并不知道出于哪位学者，但是通过与《华阳国志》的对比，我们可以认为，此处武都是武阳的误笔，也可以从当时的历史背景和郡县设置来判断，武都所指武阳郡的中心。我们也可以从顾炎武之论中得到其实，"王褒《僮约》云，武都买茶（茶），是知自秦人时取蜀，而后始有茗饮之事"。我们可以再次得以证实武都即武阳，而武阳早在战国时期就成了茗饮之地，可以被看作茶文化的发源之地。在西汉时代，武阳发展成茶叶集散地，自然也是情理之中。所以，综上所述，武都实属谬误，武担山也属错误，只有武阳符合当时的地理、文化、经济条件，成为最早形成的茶叶市场。

如果我们再从当时历史、经济以及交通、气候分析，王褒在《僮约》中如果要求仆人去千里之外的甘肃或者四川平武买茶，距离千里，气候恶劣，更是少数民族地区，显然不可能。况且还提及买完后还需要"烹茶（茶）尽具"，若是去近在咫尺的成都武担山买茶，似乎也不能让王褒出掉恶气，调侃便了。而在六七十里路外的武阳既水陆方便，又可以适时往返，基于现实，这也符合史学家们一致认为"茶叶成为商品后，逐渐由四川向长江中下游地区、淮河流域发展"。况且经笔者多次走访调研，武阳地处水陆交通要冲，从武阳城中汉崖墓也可以看出汉代武阳的政治经济的发达。从水路来看，上通四川省渠县，下通四川省宜宾市内，县内又有导江通成都，又与沱江汇于新都，又与金堂相汇合，可以直达资中，被誉为水上丝绸之路。与资中水上距离约60公里，对于古时交通不便，多依靠水上运输，我们可以因此毫无疑问地认为古代武阳担任了政治经济文化中心，所以居住在几十公里以外的资中人王褒对这里也是非常熟悉，因此，写下"武阳买茶（茶），烹茶（茶）尽具"也是自然拈来。

第二节　茶叶的种类

一、绿茶

绿茶是不经过发酵的茶，即将鲜叶经过摊晾后直接放到100～200℃的热锅里炒制，以保持其绿色的特点。这是我国产量最多的一类茶叶，其花色、品种的数量居世界首位。绿茶具有香高、味醇、形美、耐冲泡等特点。其制作工艺都经过杀青—揉捻—干燥的过程。由于加工时干燥的方法不同，绿茶又可分为炒青绿茶、烘青绿茶、蒸青绿茶和晒青绿茶。

名贵品种有龙井茶、碧螺春茶、黄山毛峰茶、庐山云雾、六安瓜片、蒙顶茶、太平猴魁茶、顾渚紫笋茶。

二、红茶

红茶的名字得自其汤色红。红茶与绿茶恰恰相反，是一种全发酵茶（发酵程度大于80%）。红茶与绿茶的区别，在于加工方法不同。红茶加工时不经杀青，而且萎凋，使鲜叶失去一部分水分，再揉捻（揉搓成条或切成颗粒），然后发酵，使所含的茶多酚氧化，变成红色的化合物。这种化合物一部分溶于水，一部分不溶于水，而积累在叶片中，从而形成红汤、红叶。红茶主要有小种红茶、工夫红茶和红碎茶三大类。

名贵品种有祁红、滇红、英红。

三、青茶

青茶又称乌龙茶，制作时适当发酵，使叶片稍有变红，是一类介于红、绿茶之间的半发酵茶。乌龙茶在六大类茶中工艺最复杂费时，泡法也最讲究，所以喝乌龙茶也被人称为喝工夫茶。它既有绿茶的鲜浓，又有红茶的甜醇。因其叶片中间为绿色，叶缘呈红色，故有"绿叶红镶边"之称。

名贵品种有武夷岩茶、铁观音、凤凰单丛、台湾乌龙茶。

四、黄茶

黄茶的制法有点像绿茶，不过中间需要闷黄三天；在制茶过程中，经过闷堆渥黄，因而形成黄叶、黄汤。黄茶分"黄芽茶"（包括湖南洞庭湖君山银芽、四川雅安名山县的蒙顶黄芽、安徽霍山的霍内芽）、"黄小茶"（包括湖南岳阳的北港毛尖、湖南宁乡的沩山毛尖、浙江平阳的平阳黄汤、湖北远安的远安鹿苑）、"黄大茶"（包括广东的大叶青、安徽的霍山黄大茶）三类。著名的君山银针茶就属于黄茶。

五、黑茶

黑茶原料粗老，加工时堆积发酵时间较长，叶色呈暗褐色。黑茶原来主要销往边区，是藏、蒙古、维吾尔等兄弟民族不可缺少的日常必需品。

著名的云南普洱茶曾被归为黑茶。历史上确有把普洱茶归为黑茶类。同时，安徽农业大学的陈椽教授的《制茶学》一书中也作此分类。

但是，业内对此存在异议，主要是普洱茶的工艺和黑茶有异。特别是近年，争议更大，直到 2006 年出台的云南省地方行业标准里，把普洱茶定义为云南一定区域内大叶种茶制成的紧压茶及散茶，算是在业内达成共识，即普洱茶是一种特种茶，不属于任何一种茶类。至 7 月份，普洱茶地理标识下来后，这种说法就更加有根据了。另外，在国家进出口商品目录中也是将它放在特种茶类里的。

名贵品种有"湖南黑茶""湖北老青茶""广西六堡茶"，四川的"西路边茶""南路边茶"，云南的"紧茶""扁茶""方茶"和"圆茶"等品种。

六、白茶

白茶则基本上就是靠日晒制成的，是我国的特产。白茶和黄茶的外形、香气和滋味都是非常好的。加工它时不炒不揉，只将细嫩、叶背布满茸毛的茶叶晒干或用文火烘干，使白色茸毛完整地保留下来。白茶主要产于福建的福鼎、政和、松溪和建瓯等县，有"银针""白牡丹""贡眉""寿眉"几种。

名贵品种有白豪银针茶、白牡丹茶。

第三节 名茶概述

一、杭州西湖龙井

杭州西湖龙井产于浙江省杭州市西湖周围的群山之中。多少年来，杭州不仅以美丽的西湖闻名于世界，也以西湖龙井茶誉满全球。相传，乾隆皇帝巡视杭州时，曾在龙井茶区的天竺作诗一首，诗名为《观采茶作歌》。西湖龙井茶向以"狮（峰）、龙（井）、云（栖）、虎（跑）、梅（家坞）"排列品第，以西湖龙井茶为最。龙井茶外形挺直削尖、扁平俊秀、光滑匀齐、色泽绿中显黄。冲泡后，香气清高持久，香馥若兰；汤色杏绿，清澈明亮，叶底嫩绿，匀齐成朵，芽芽直立，栩栩如生。品饮茶汤，沁人心脾，齿间流芳，回味无穷。

二、江苏苏州洞庭碧螺春

碧螺春为中国著名绿茶之一。洞庭碧螺春茶产于江苏省苏州太湖洞庭山，当地人称之为"吓煞人香"。碧螺春茶条索纤细，卷曲成螺，满披茸毛，色泽碧绿。冲泡后，味鲜生津，清香芬芳，汤绿水澈，叶底细匀嫩绿。尤其是高级碧螺春，可以先冲水后放茶，茶叶徐徐下沉，展叶放香，这是茶叶芽头壮实的表现，也是其他茶所不能比拟的。因此，民间有这样的说法：碧螺春是"铜丝条，螺旋形，浑身毛，一嫩（指芽叶）三鲜（指色、香、味）自古少"。目前碧螺春茶大多仍采用手工方法炒制，其工艺过程是：杀青—炒揉—搓团焙干。三个工序在同一锅内一气呵成。炒制特点是炒揉并举，关键在提毫，即搓团焙干工序。

三、太平黄山毛峰

黄山毛峰茶产于安徽省太平县以南、歙县以北的黄山。黄山毛峰茶园就分布在云谷寺、松谷庵、吊桥庵、慈光阁以及海拔1200米的半山寺周围，茶树天天"沉浸"在云蒸霞蔚之中，因此茶芽格外肥壮。黄毛峰柔软细嫩，叶片肥厚，经久耐泡，香气馥郁，滋味醇甜，为茶中的上品。黄山茶的采制相当精细，从清明到立夏为采摘期，采回来的芽头和鲜叶还要进行选剔，剔去其中较老的叶、茎，使芽匀齐一致。在制作方面，要根据芽叶质量，控制杀青温度，不致产生红梗、红叶和杀青不匀不透的现象；火温要先高后低，逐渐下降，叶片着温均匀，理化变化一致。每当制茶季节，临近茶厂就闻到阵阵清香。黄山毛峰的品质特征是：外形细扁稍卷曲，状如雀舌披银毫，汤色清澈带杏黄，香气持久似白兰。

四、安溪铁观音

安溪铁观音属青茶类，是我国著名乌龙茶之一。安溪铁观音茶产于福建省安溪县。安溪铁观音茶历史悠久，素有"茶王"之称。据载，安溪铁观音茶起源于清雍正年间（1725—1735）。安溪县境内多山，气候温暖，雨量充足，茶树生长茂盛，茶树品种繁多。安溪铁观音茶，一年可采四期茶，分春茶、夏茶、暑茶、秋茶。制茶品质以春茶为最佳。铁观音的制作工序与一般乌龙茶的制法基本相同，但摇青转数较多，凉青时间较短。一般在傍晚前晒青，通宵摇青、凉青，次日清晨完成发酵，再经炒揉烘焙，历时一昼夜。其制作工序分为晒青、摇青、凉青、杀青、切揉、初烘、包揉、复烘、烘干9道工序。品质优异的安溪铁观音茶条索肥壮紧结，质重如铁，芙蓉沙明显，青蒂绿、红点明，花香高，醇厚鲜爽，品味独特，回味香甜浓郁，冲泡7次仍有余香；汤色金黄，叶底肥厚柔软，艳亮均匀，叶缘红点，青心红镶边。

五、岳阳君山银针

岳阳君山银针为我国著名黄茶之一。君山茶，始于唐代，清代被纳入贡茶。君山，为湖南岳阳县洞庭湖中岛屿。清代，君山茶分为"尖茶""茸茶"两种。"尖茶"如茶剑，白毛茸然，被纳为贡茶，素称"贡尖"。君山银针茶香气清高，味醇甘爽，汤黄澄高，芽壮多毫，条索匀齐，着淡黄色茸毫。冲泡后，芽竖悬汤中冲升水面，徐徐下沉，再升再沉，三起三落，蔚成趣观。君山银针茶于清明前三四天开采，以春茶首轮嫩芽制作，且须选肥壮、多毫、长25～30毫米的嫩芽，经拣选后，以大小匀齐的壮芽制作银

针。制作工序分杀青、摊凉、初烘、复摊凉、初包、复烘、再包、焙干 8 道工序。

六、普洱茶

普洱茶是在云南大叶茶基础上培育出的一个新茶种。普洱茶亦称滇青茶，原运销集散地在普洱县，因此而得名，距今已有 1700 多年的历史。它是用攸乐、萍登、倚帮等 11 个县的茶叶，在普洱县加工而成的。茶树分为乔木或乔木形态的高大茶树，芽叶极其肥壮而茸毫茂密，具有良好的持嫩性，芽叶品质优异。其制作方法为亚发酵青茶制法，经杀青、初揉、初堆发酵、复揉、再堆发酵、初干、再揉、烘干 8 道工序。在古代，普洱茶是作为药用的。其品质特点是：香气高锐持久，带有云南大叶茶种特有的独特香型，滋味浓强富于刺激性；耐泡，经五六次冲泡仍持有香味；汤橙黄浓厚，芽壮叶厚，叶色黄绿间有红斑红茎叶，条形粗壮结实，白毫密布。普洱茶有散茶与型茶两种。

七、凤凰单枞

潮州凤凰山的产茶历史十分悠久，当代学者已将潮州的产茶史追溯至唐代。民间盛传宋帝南逃时路经凤凰山，口渴难忍，侍从们从山上采下一种叶尖似鹪嘴的树叶，烹制成茶，饮后既止渴又生津，故后人广为栽种，并称此树为"宋种"，此茶为鹪嘴茶。明朝嘉靖年间的《广东通志初稿》记载："茶，潮之出桑浦者佳。"当时潮安已成为广东产茶区之一。清代，凤凰茶渐被人们所认识，并列入全国名茶。20 世纪 90 年代以来，潮安茶区茶园面积不断增长，茶叶品质也有很大提高。1982 年起，凤凰茶多次被评为全国名茶。凤凰单枞正宗产地以有"潮汕屋脊"之称的凤凰山东南坡为主，分布在海拔 500 米以上的乌崇山、乌譬山、竹竿山、大质山、万峰山、双譬山等潮州东北部地区。凤凰单枞茶的采制，以特早熟种的白叶单丛最先开锣，在春分前后陆续开采，这是一种蜜兰春型的高档茶，有岭头单丛茶、乌东蜜兰香单丛、金奖工夫白叶茶等品种。谷雨至立夏前后采摘的是迟熟种，有宋种八仙、玉兰香、夜来香、老仙翁等。此时间采摘的单丛大都香气高锐悠长、滋味浓醇，同样在毛茶制成后，经 15 天退火熟化，才能品尝出真正的色、香、味及老丛山韵蜜味。

八、金骏眉

金骏眉是武夷山红茶正山小种的一个分支，是福建高端顶级红茶的代表。金骏眉的名称有以下三方面的意义。

（一）金

金者，贵重之物也，代表等级。（注意：金骏眉的金，并不是说茶干是金黄色的。市面上流传金骏眉应该是金黄色，金黄色绒毛多乃是误传，正宗的金骏眉应该是黑色居多，条索中略带金色、黄色，色亮而润。）

（二）骏

1. 骏，同"峻"，其采于崇山峻岭之中；

2. 骏，其外形似马（海马状），而马则奔腾之快也；

3. 骏，公司试产此茶伊始，希望此产品能像骏马奔腾一样快速推广。

（三）眉

形容外形。眉者，乃寿者长久之意，且茶类中好芽制成称眉者，如有寿眉、珍眉等，所以眉本意是指细小的高级茶尖、茶芽。

九、蒙顶甘露

"琴里知闻惟《渌水》，茶中故旧是蒙山。"唐代黎阳《蒙山白云岩茶》诗中称颂"若教陆羽持公论，应诗人间地一茶"。宋代文人《谢人寄蒙顶新茶诗》："蜀土茶称圣，蒙山味独珍。"文彦博在《谢人惠寄蒙顶茶》诗中云："旧谱最称蒙顶味，露芽云腴胜醒醐。"明代钱椿年《茶谱》中记述："茶之产于天下多矣！剑南油能顶石花，湖州油顾渚紫笋，峡州油时涧明月……其名皆著。品地之，则石花最上，紫笋次之……"清朝赵恒叶留有"色淡香长自仙"的佳句。从这些文辞优美的词句中，我们不难体会到历代文人对蒙顶茶的酷爱程度。

甘露在梵语是"念祖"之意，二说是茶汤似甘露。甘露茶采摘细嫩，制工精湛，外形美观，内质优异。其品质特点：紧卷多毫，浅绿油润，叶嫩芽壮，芽叶纯整，汤黄微碧，清澈明亮，馨香高爽，味醇甘鲜。沏二遍时，越发鲜醇，使人齿颊留香。

十、竹叶青

千百年来，峨眉山茶叶一直以其清醇淡雅受到名人雅士的喜爱。1964年4月20日，时任外交部部长的陈毅元帅来到峨眉山考察，在万年寺与老僧人品茗对弈时对所品之茶赞不绝口，问道："这是何茶？"老僧人答道："此茶乃峨眉山特产，尚无名称。"并请陈毅元帅赐名。陈毅元帅仔细审视杯中茶叶，只见汤清叶绿，一片生机，便由衷地说道："这多像嫩竹叶啊，就叫竹叶青吧。"从此，竹叶青声名不胫而走，茶叶界更因此增添了一段传奇佳话。

好的品质来自于好的原料。竹叶青的芽叶的采摘要求非常严格，根据一级、二级、三级等不同等级，其标准也不同。一般标准是采摘独芽，形如黄瓜籽，大小匀净，不带空心芽，不采紫红色茶芽，因紫红芽加工后变黑而影响商品性；其次是采摘一芽一叶初展和一芽一叶开展的芽茶，无芽不采，病芽、焦芽不采，每一等级应做到芽形基本一致。以上可以看出，制作竹叶青茶对茶叶的原料选取很严格，好的茶叶的背后有着无限的努力。

品味级为峨眉山高山茶区所产鲜嫩茶芽精制而成，其色、香、味、形俱佳，堪称茶中上品。

静心级为峨眉山高山茶区所产鲜嫩茶芽精制后精选而成，细细体味，唯觉唇齿留香，神静气宁，实乃茶中珍品。

论道级为峨眉山高山茶区之特定区域所产鲜嫩茶芽精制，再经精心挑选而成，深得

峨眉山水之意趣，品之，更能体会"茶禅一味"之要旨，因产量有限，故极其珍罕。

第四节　茶叶的选购

评价茶叶的九项指标：

外形五项：嫩度、条索、色泽、整碎、净度。

内质四项：汤色、香气、滋味、叶底。

茶叶的选购不是易事，要想得到好茶叶，需要掌握大量的知识，如各类茶叶的等级标准、价格与行情，以及茶叶的审评、检验方法等。本文主要从外形其中四项进行阐述。

一、嫩度

嫩度是决定品质的基本因素，所谓"干看外形，湿看叶底"，就是指嫩度。一般嫩度好的茶叶，容易符合该茶类的外形要求（如龙井之"光、扁、平、直"）。此外，还可以从茶叶有无锋苗去鉴别。锋苗好，白毫显露，表示嫩度好，做工也好。如果原料嫩度差，做工再好，茶条也无锋苗和白毫。但是不能仅从茸毛多少来判别嫩度，因各种茶的具体要求不一样，如极好的狮峰龙井体表是无茸毛的。再者，茸毛容易假冒，人工做上去的很多。芽叶嫩度以多茸毛作为判断依据，只适合于毛峰、毛尖、银针等"茸毛类"茶。这里需要提到的是，最嫩的鲜叶，也得一芽一叶初展，片面采摘芽心的做法是不恰当的。因为芽心是生长不完善的部分，内含成分不全面，特别是叶绿素含量很低。所以不应单纯为了追求嫩度而只用芽心制茶。

二、条索

条索是各类茶具有的一定外形规格，如炒青条形、珠茶圆形、龙井扁形、红碎茶颗粒形等等。一般长条形茶，看松紧、弯直、壮瘦、圆扁、轻重；圆形茶看颗粒的松紧、匀正、轻重、空实；扁形茶看平整光滑程度和是否符合规格。一般来说，条索紧、身骨重、圆（扁形茶除外）而挺直，说明原料嫩，做工好，品质优；如果外形松、扁（扁形茶除外）、碎，并有烟、焦味，说明原料老，做工差，品质劣。以杭州地区绿茶条索标准为例：一级细紧有锋苗，二级紧细肖有锋苗，三级尚紧实，四级尚紧，五级稍松，六级粗松。可见，以紧、实、有锋苗为上。

三、色泽

茶叶色泽与原料嫩度、加工技术有密切关系。各种茶均有一定的色泽要求，如红茶乌黑油润、绿茶翠绿、乌龙茶青褐色、黑茶黑油色等。但是无论何种茶类，好茶均要求色泽一致，光泽明亮，油润鲜活；如果色泽不一，深浅不同，暗而无光，说明原料老嫩不一，做工差，品质劣。

茶叶的色泽还和茶树的产地以及季节有很大关系。如高山绿茶，色泽绿而略带黄，鲜活明亮；低山茶或平地茶色泽深绿有光。制茶过程中，由于技术不当，也往往使色泽劣变。购茶时，应根据具体购买的茶类来判断。

比如龙井，最好的狮峰龙井，其清明前茶并非翠绿，而是有天然的糙米色，呈嫩黄。这是狮峰龙井的一大特色，在色泽上明显区别于其他龙井。因狮峰龙井卖价奇高，茶农会制造出这种色泽以冒充狮峰龙井，方法是在炒制茶叶过程中稍稍炒过头而使叶色变黄。

真假之间的区别是，真狮峰匀称光洁、淡黄嫩绿、茶香中带有清香；假狮峰则角松而空，毛糙，偏黄色，茶香带炒黄豆香。不经多次比较，不太容易判断出来。但是一经冲泡，区别就非常明显了。炒制过火的假狮峰，完全没有龙井应有的馥郁鲜嫩的香味。

四、整碎

整碎就是茶叶的外形和断碎程度，以匀整为好，断碎为次。比较标准的茶叶审评，是将茶叶放在盘中（一般为木质），使茶叶在旋转力的作用下，依形状大小、轻重、粗细、整碎形成有次序的分层。其中粗壮的在最上层，紧细重实的集中于中层，断碎细小的沉积在最下层。各茶类，多以中层茶为好。上层一般多是粗老叶子，滋味较淡，水色较浅；下层碎茶多，冲泡后往往滋味过浓，汤色较深。

茶叶的品质好坏，在没有科学仪器和方法鉴定的时候，可以通过色、香、味、形四个方面来评价。而用这四个方面来评定茶叶质量的优劣，通常采用看、闻、摸、品进行鉴别，即看外形、色泽，闻香气，摸身骨，开汤品评。

（1）色泽——不同茶类有不同的色泽特点。绿茶中的炒青应呈黄绿色，烘青应呈深绿色，蒸青应呈翠绿色，龙井则应在鲜绿色中略带米黄色；如果绿茶色泽灰暗、深褐，质量必定不佳。绿茶的气色应呈浅绿或黄绿，清澈明亮；若为暗黄或混浊不清，则品质不佳。红茶应乌黑油润，汤色红艳明亮，有些上品工夫红茶，其茶汤可在茶杯四周形成一圈黄色的油环，俗称"金圈"；若汤色暗淡，混浊不清，必是下等红茶。乌龙茶则以色泽青褐光润为好。

（2）香气——各类茶叶本身都有香味，如绿茶具有清香，上品绿茶还有兰花香、板栗香等，红茶具有清香及甜香或花香，乌龙茶具有熟桃香，等等。若香气低沉，定为劣质茶；有陈气的为陈茶；有霉气等异味的为变质茶。就是苦丁茶，嗅起来也具有自然的香气。花茶则更以浓香吸引茶客。

（3）口味——或者叫茶叶的滋味，茶叶的本身滋味由苦、涩、甜、鲜、酸等多种成分构成。其成分比例得当，滋味就鲜醇可口，同时，不同的茶类，滋味也不一样，上等绿茶初尝有其苦涩感，但回味浓醇，令口舌生津；粗老劣茶则淡而无味，甚至涩口、麻舌。上等红茶滋味浓厚、强烈、鲜爽，低级红茶则平淡无味。苦丁茶入口是很苦的，但饮后口有回甜。

（4）外形——从茶叶的外形可以判断茶叶的品质，因为茶叶的好坏与茶采摘的鲜叶直接相关，也与制茶相关，这都反应在茶叶的外形上。如好的龙井茶，外形光、扁平、直，形似碗钉；好的珠茶，颗粒圆紧、均匀；好的工夫红茶条索紧齐，红碎茶颗粒齐

整、划一；好的毛峰茶芽毫多、芽锋露，等等。如果条索松散，颗粒松泡，叶表粗糙，身骨轻飘，就算不上是好茶了。

第五节　喝茶的好处

一、有助于延缓衰老

茶多酚具有很强的抗氧化性和生理活性，是人体自由基的清除剂。据有关部门研究证明，1毫克茶多酚清除对人肌体有害的过量自由基的效能相当于9微克超氧化物歧化酶（SOD），大大高于其他同类物质。茶多酚有阻断脂质过氧化反应、清除活性酶的作用。据日本奥田拓勇试验结果，证实茶多酚的抗衰老效果要比维生素E强18倍。

二、有助于抑制心血管疾病

茶多酚对人体脂肪代谢有着重要作用。人体的胆固醇、三酸甘油酯等含量高，血管内壁脂肪沉积，血管平滑肌细胞增生后形成动脉粥样化斑块等心血管疾病。茶多酚，尤其是茶多酚中的儿茶素ECG及其氧化产物茶黄素等，有助于使这种斑状增生受到抑制，使形成血凝黏度增强的纤维蛋白原降低，凝血变清，从而抑制动脉粥样硬化。

三、有助于预防和抗癌

茶多酚可以阻断亚硝酸铵等多种致癌物质在体内合成，并具有直接杀伤癌细胞和提高肌体免疫能力的功效。据有关资料显示，茶叶中的茶多酚（主要是儿茶素类化合物），对胃癌、肠癌等多种癌症的预防和辅助治疗，均有裨益。

四、有助于预防和治疗辐射伤害

茶多酚及其氧化物具有吸收放射性物质锶90和钴60的能力。据有关医疗部门临床试验证实，对肿瘤患者在放射治疗过程中引起的轻度放射病，用茶叶提取物进行治疗，有效率可达90％以上；对血细胞减少症，茶叶提取物治疗的有效率达81.7％；对因放射辐射而引起的白细胞减少症治疗效果更好。

五、有助于抑制和抵抗病毒菌

茶多酚有较强的收敛作用，对病原菌、病毒有明显的抑制和杀灭作用，对消炎止泻有明显效果。我国有不少医疗单位应用茶叶制剂治疗急性和慢性痢疾、阿米巴痢疾、流感，治愈率达90％左右。

六、有助于美容护肤

茶多酚是水溶性物质，用它洗脸能清除面部的油腻，收敛毛孔，具有消毒、灭菌、抗皮肤老化，减少日光中的紫外线辐射对皮肤的损伤等功效。

七、有助于醒脑提神

茶叶中的咖啡因能促使人体中枢神经兴奋，增强大脑皮层的兴奋过程，起到提神益思、清心的效果。

八、有助于利尿解乏

茶叶中的咖啡因可刺激肾脏，促使尿液迅速排出体外，提高肾脏的滤出率，减少有害物质在肾脏中滞留时间。咖啡因还可排除尿液中的过量乳酸，有助于使人体尽快消除疲劳。

九、有助于降脂助消化

唐代《本草拾遗》中对茶的功效有"久食令人瘦"的记载。我国边疆少数民族有"不可一日无茶"之说。因为茶叶有助消化和降低脂肪的重要功效，用当今时尚语言说，就是有助于"减肥"。这是由于茶叶中的咖啡因能提高胃液的分泌量，可以帮助消化，增强分解脂肪的能力。所谓"久食令人瘦"的道理就在这里。

十、有助于护齿明目

茶叶中含氟量较高，每100克干茶中含氟量为10~15毫克，且80%为水溶性成分。若每人每天饮茶叶10克，则可吸收水溶性氟1~1.5毫克，而且茶叶是碱性饮料，可抑制人体钙质的减少，这对预防龋齿、护齿、坚齿，都是有益的。据有关资料显示，在小学生中进行"饮后茶疗漱口"试验，龋齿率可降低80%。另据有关医疗单位调查，在白内障患者中有饮茶习惯的占28.6%，无饮茶习惯的则占71.4%。这是因为茶叶中的维生素C等成分，能降低眼睛晶体混浊度，经常饮茶，对减少眼疾、护眼明目均有积极的作用。

第六节　茶叶的储存

茶叶很容易吸湿及吸收异味，因此应特别注意包装贮存是否妥当，在包装上除要求美观、方便、卫生及保护产品外，尚需要讲求贮存期间的防潮及防止异味的污染，以确保茶叶品质。引起茶叶劣变的主要因素有：一是光线，二是温度，三是茶叶水分含量，四是大气湿度，五是氧气，六是微生物，七是异味污染。其中微生物引起的劣变受温度、水分、氧气等因子的限制，而异味污染则与贮存环境有关。因此要防止茶叶劣变必须对光线、温度、水分及氧气加以控制，包装材料必须选用能遮光者，如金属罐、铝箔积层袋等，氧气的去除可采用真空或充氮包装，亦可使用脱氧剂。茶叶贮存方式依其贮存空间的温度不同可分为常温贮存和低温贮存两种。因为茶叶的吸湿性颇强，无论采取

何种贮存方式，贮存空间的相对湿度最好控制在50%以下，贮存期间茶叶水分含量须保持在5%以下。

根据茶叶的特性和造成茶叶陈化变质的原因，从理论上讲，茶叶的储藏保管以干燥（含水量在6%以下，最好是3%～4%）、冷藏（最好是零摄氏度）、无氧（抽成真空或充氮）和避光保存为最理想。但由于各种客观条件的限制，以上这些条件往往不可能兼备。因此，在具体操作过程中，可抓住茶叶干燥这个要求，根据各自现有条件设法延缓茶叶的陈化，再采取一些其他措施。茶馆茶叶的储藏方法可借鉴家庭的储藏方法。

一、铁罐的储藏法

选用市场上供应的马口铁双盖彩色茶罐做盛器。储存前，检查罐身与罐盖是否密闭、漏气。储存时，将干燥的茶叶装罐，罐要装实装严。这种方法使用方便，但不宜长期储存。

二、热水瓶的储藏法

选用保暖性良好的热水瓶作盛具。将干燥的茶叶装入瓶内，装实装足，尽量减少空气存留量，瓶口用软木塞盖紧，塞缘涂白蜡封口，再裹以胶布。由于瓶内空气少，温度稳定，这种方法保持效果也较好，且简便易行。

三、陶瓷坛储存法

选用干燥无异味、密闭的陶瓷坛一个，用牛皮纸把茶叶包好，分置于坛的四周，中间嵌放石灰袋一只，上面再放茶叶包，装满坛后，用棉花包紧。石灰隔1～2个月更换一次。这种方法利用生石灰的吸湿性能，使茶叶不受潮，效果较好，能在较长时间内保持茶叶品质，特别是龙井、大红袍等一些名贵茶叶，采用此法尤为适宜。

四、食品袋储藏法

先用洁净无异味白纸包好茶叶，再包上一张牛皮纸，然后装入一只无孔隙的塑料食品袋内，轻轻挤压，将袋内空气挤出，随即用细软绳子扎紧袋口，取一只塑料食品袋，反套在第一只袋外面，同样轻轻挤压，将袋内空气挤压再用绳子扎紧口袋，最后把它放进干燥无味的密闭的铁桶内。

五、低温储藏法

方法同"食品袋储藏法"，然后将扎紧袋口的茶叶放在冰箱内。内温度能控制在5℃以下，可储存一年以上。此法特别适宜储藏名茶和茉莉花茶，但需防止茶叶受潮。

六、木炭密封的储藏法

利用木炭极能吸潮的特性来储藏茶叶。先将木炭烧燃，立即用火盆或铁锅覆盖，使其熄灭，待晾后用干净布将木炭包裹起来，放于盛茶叶的瓦缸中间。缸内木炭要根据受潮情况，及时更换。

上述六种储藏茶叶的方法比较适用于家庭，但是它的科学原理对于茶馆储藏茶叶是有参考价值的。茶馆储藏茶叶，一般都有专门的储藏室，为了降低储藏室的温度可采用如下两种方法：

一是干燥法。在储藏室内的空处，放上盛有石灰或木炭的容器，每隔一段时间检查石灰是否潮解，如石灰潮解应立即换掉，这样就能保持储藏室内的干燥。

二是采用吸湿机除湿。此法对储藏红茶更适宜。平时少开茶叶储藏室门窗，如要换气，应选择晴天中午，开窗半小时，以利通气。茶叶进入储藏室时，要检查是否夹杂霉变茶叶，入仓后要勤查，发现霉变茶叶后要及时清除，同时要找到霉变原因，并排除不良因素。吸湿机除湿，只有在储藏室封闭的情况下，才能发挥作用，因此平时进出都要及时关闭门窗。

使用干燥剂，可使茶叶的贮存时间延长到一年左右。选用干燥剂的种类，可依茶类和取材方便而定。贮存绿茶，可用块状未潮解的石灰；贮存红茶和花茶，可用干燥的木炭；有条件者，也可用变色硅胶。

用生石灰保存茶叶时，可先将散装茶用薄质牛皮纸包好（以几两到半斤成包），捆牢，分层环列于干燥而无味完好的坛子或无锈无味的小口铁筒四周，在坛和筒中间放一袋或数袋未风化的生石灰，上面再放茶叶数小包，然后用牛皮纸、棉花垫堵塞坛口或筒口，再盖紧盖子，置于干燥处贮藏。一般 1~2 个月换一次石灰，只要按时更换石灰，茶叶就不会吸潮变质。木炭贮茶法，与生石灰法类似，不再赘述。

变色硅胶干燥剂贮茶法，防潮效果更好。其贮藏方法与生石灰、木炭法类同，唯此法效果更好，一般贮存半年后，茶叶仍然保持其新鲜度。变色硅胶未吸潮前是蓝色的，当干燥剂颗粒由蓝色变成半透明粉红色时，表示吸收的水分已达到饱和状态，此时必须将其取出，放在微火上烘焙或放在阳光下晒，直到恢复原来的色时，便可继续放入使用。

第七节　国外茶饮

全世界有一百多个国家和地区的居民都喜爱品茗。有的地方把饮茶品茗作为一种艺术享受。各国的饮茶方法不同，各有千秋。

斯里兰卡：斯里兰卡的居民酷爱喝浓茶，茶叶又苦又涩，他们却觉得津津有味。该国红茶畅销世界各地，在首都科伦坡有经销茶叶的大商行，设有试茶部，由专家凭舌试味，再核等级和价格。

英国：英国各阶层人士都喜爱喝茶。茶，几乎可称为英国的民族饮料。他们喜爱现煮的浓茶，并放一二块糖，加少许冷牛奶。

泰国：泰国人喜爱在茶水里加冰，茶水一下子就冷却了，甚至冰冻了，这就是冰茶。在泰国，当地茶客不饮热茶，要饮热茶的通常是外来的客人。

蒙古：蒙古人喜爱吃砖茶。他们把砖茶放在木臼中捣成粉末，加水放在锅中煮开，

然后加上一些盐巴，还加牛奶和羊奶。

新西兰：新西兰人把喝茶作为人生最大的享受之一。许多机关、学校、厂矿等还特别定出饮茶时间。各乡镇茶叶店和茶馆比比皆是。

马里：马里人喜爱饭后喝茶。他们把茶叶和水放入茶壶里，然后放在泥炉上煮开。茶煮沸后加上糖，每人斟一杯。他们的煮茶方法不同一般：每天起床，就以锡罐烧水，投入茶叶；任其煎煮，直到同时煮的腌肉烧熟，再同时吃肉喝茶。

加拿大：加拿大人泡茶方法较特别，先将陶壶烫热，放一茶匙茶叶，然后以沸水注于其上，浸七八分钟，再将茶叶倾入另一热壶供饮。饮用时通常加入乳酪与糖。

俄罗斯：俄罗斯人泡茶，每杯常加柠檬一片，也有用果浆代替柠檬的。在冬季则有时加入甜酒，预防感冒。

埃及：埃及的甜茶。埃及人待客，常端上一杯热茶，里面放许多白糖，只喝二三杯这种甜茶，嘴里就会感到黏糊糊的。

北非：北非的薄荷茶。北非人喝茶，喜欢在绿茶花里放几片新鲜薄荷叶和一些冰糖，饮时清凉可口。有客来访，客人得将主人向他敬的三杯茶喝完，才算有礼貌。

南美：南美的马黛茶。在南美许多国家，人们用当地的马黛树的叶子制成茶，既提神又助消化。他们是用吸管从茶杯中吸取，慢慢地品味着。

第八节　茶叶再利用

一、制作茶叶枕

用过的茶叶不要废弃，摊在木板上晒干，积累下来，可以用作枕头芯。

二、驱蚊

将用过的茶叶晒干，在夏季的黄昏点燃起来，可以驱除蚊虫，其和蚊香的效果相同，而且对人体绝对无害。

三、帮助花草发育与繁殖

冲泡过的茶叶仍有无机盐、碳水化合物等成分，堆掩在花圃或花盆里，能帮助花草的发育与繁殖。

四、杀菌治脚气

茶叶里含有多量的单宁酸。单宁酸具有强烈的杀菌作用，尤其对致脚气的丝状菌特别有效。所以，患脚气的人，每晚将茶叶煮成浓汁来洗脚，日久便会不治而愈。不过煮茶洗脚，要持之以恒，短时间内不会有显著的效果。而且最好用绿茶，经过发酵的红茶，单宁酸的含量就少得多了。

五、消除口臭

茶有强烈的收敛作用，时常将茶叶含在嘴里，便可消除口臭。常用浓茶漱口，也有同样功效。如果不擅饮茶，可将茶叶泡过之后，再含在嘴里，可减少苦涩的滋味，也有一定的效果。

六、护发

茶水可以去垢涤腻，所以洗过头发之后，再用茶水洗涤，可以使头发乌黑柔软，富有光泽。而且茶水不含化学剂，不会伤到头发和皮肤。

七、清理物件

可以将用过的茶叶抹镜子、玻璃门窗、家具、胶纸版、泥污的皮鞋和深色的服装。丝质品的衣服，最怕化学清洁剂，如果将泡过的茶叶，用来煮水洗涤丝质的衣服，便能保持衣物原来的色泽而光亮如新。洗尼龙纤维的衣服，也有同样的效果。

八、去腥味

器皿中有鱼腥味，用废茶叶放在其中煮数分钟，便可去腥。

课后练习

1. 我国茶区目前大致分为＿＿＿＿、＿＿＿＿、＿＿＿＿、＿＿＿＿四大茶区。

2. "茶"字的＿＿＿＿、＿＿＿＿、＿＿＿＿是由中国最早确立的。

3. 适宜茶树生长的土壤 pH 酸碱度为＿＿＿＿。

4. 茶树上的芽分＿＿＿＿和＿＿＿＿两种。

5. 我国目前茶叶采摘标准分＿＿＿＿、＿＿＿＿、＿＿＿＿、＿＿＿＿4 种。

6. 茶园秋末冬初进行＿＿＿＿，并结合施＿＿＿＿。

7. 我国绿茶由于加工方法的不同又分＿＿＿＿、＿＿＿＿、＿＿＿＿、＿＿＿＿。

8. 唐代是茶文化＿＿＿＿时期。

9. 中国茶道是以饮茶为契机的＿＿＿＿体系。

10. 茶道以＿＿＿＿为最高境界。

第二章 茶文化与茶文学

第一节 茶文化简史

一、汉魏两晋南北朝——茶文化的酝酿

茶是因作为饮料而驰名的，茶文化实质上是饮茶文化，是饮茶活动过程中形成的文化现象。两晋南北朝是中华茶文化的酝酿时期。

（一）饮茶的起源和发展

茶最先是作为食用和药用的，饮用是在食用、药用的基础上形成的。中国人利用茶的年代久远，可上溯到神农时期，但饮茶的历史相对要晚一些。先秦时期可能在局部地区（茶树原产地及其边缘地区）已有饮茶，但目前还缺乏文字和考古的支持。关于饮茶的起源，众说纷纭，争议未定。大致说来，有先秦说、西汉说、三国说、魏晋说。

（二）茶与宗教结缘

汉魏南北朝时期，是中国本土的宗教——道教的形成和发展时期，同时也是起源于印度的佛教在中国的传播和发展时期，茶以其清淡、虚静的特性和去睡疗病的功能广受宗教徒的青睐。

（三）茶艺萌芽

茶艺是饮茶艺术，是艺术性的饮茶，它包括选茶、备器、择水、取火、候汤、习茶的程序和技艺。杜育的《荈赋》中这样写道：①选茶。"挹彼清流"，择取岷江中的清水。②选器。"器择陶简，出自东隅"，茶具选用产自东隅（今浙江上虞一带）的瓷器。③煎茶。"沫沉华浮，焕如积雪，晔若春。"煎好的茶汤，汤华浮泛，像白雪般明亮，如春花般灿烂。④酌茶。"酌之以匏，取式公刘。"用匏瓢酌分茶汤。《荈赋》所描述的，是中华茶艺的雏形，且茶艺发源于巴蜀。

二、隋唐五代时期——茶文化的第一个高峰

（一）饮茶习俗的形成

陆羽《茶经·六之饮》也称："滂时浸俗，盛于国朝两都并荆俞间，以为比屋之饮。"《茶经》认为当时的饮茶之风扩散到民间，以东都洛阳和西都长安及湖北、山东一带最为盛行，把茶当作家常饮料，形成"比屋之饮"。陆羽《茶经》初稿约成于代宗永泰元年（765），定稿于德宗建中元年（780）。《茶经》的流行，进一步推动了饮茶风俗的形成。中国人饮茶习俗形成于中唐。

（二）名茶初兴

唐代名茶，首推蒙顶茶，其次为湖、常二州的紫笋茶，其他则有神泉小团、昌明兽目、碧涧明月、方山露芽、邕湖含膏、西山白露、霍山黄芽、祁门方茶、渠江薄片、蕲门团黄、丫山横纹、天柱茶、小江团、鸠坑茶、骑火茶、婺州东白、茱萸寮等。

三、宋元时期——茶文化的第二个高峰

饮茶的普及在宋代，宋承唐代饮茶之风，日益普及。宋梅尧臣《南有嘉茗赋》云："华夷蛮豹，固日饮而无厌，富贵贫贱，亦时啜无厌不宁。"宋吴自牧《梦粱录》卷十六"鳌铺"载："盖人家每日不可阙者，柴米油盐酱醋茶。"自宋代始，茶就成为开门"七件事"之一。茶在社会中扮演着重要角色。

第二节　茶文学赏析

一、苏东坡与茶文化

苏东坡，是苏轼（1037—1101）东坡居士的自号，四川省眉州人，北宋嘉祐二年（1057）进士，著名文学家，诗词文章造诣很高，他"以诗为词"，对诗词革新的巨大成就，震撼当时诗坛。世人以东坡为豪放派代表。苏东坡的诗词中，部分是咏茶的诗词，而且是宋代咏茶诗词最多的作家之一，对当时茶文化的传承创新起了促进作用，对后代茶文化的发展也有积极意义。

（一）咏茶诗词佳作二首

《汲江煎茶》和《西江月》（茶词），是咏茶诗词中少见的佳作。苏东坡元丰三年（1080）被贬儋州（属今海南省），当时作有《汲江煎茶》："活水还须活火烹，自临钓石取深清。大瓢贮月归春瓮，小勺分江入夜瓶。雪乳已翻煎处脚，松风忽作泻时声。枯肠未易禁三碗，坐听荒城长短更。"诗中描述了取水、烹茶、饮茶及其功效的全过程。笔法细腻、刻画周到，充分反映了苏东坡63岁高龄远徙异乡，处世乐观、闲散自在的生活情趣。该诗颇受后人推崇。他元丰五年（1082）作有《西江月》（茶词）："龙焙今年

绝品，谷帘自古珍泉。雪芽双井散神仙。苗裔来从北苑。汤发云腴酽白，盏乳花浮轻圆。人间谁敢更争妍。斗取红窗粉面。"词牌下有序："送建溪双井茶、谷帘泉与胜之。胜之，（黄州太守）徐君猷后房，甚丽，自叙本贵种也。"词意充分概括了名茶、名泉、茶质、茶形、茶味以及茶美、人妍等文化内涵。该词气势豪迈，意境清远，是一首以茶喻人的佳作。

（二）诗词中提到的名茶

宋代名茶品种较多。在苏东坡诗词中提到的名茶主要有：双井茶、日铸茶（又名日注茶）、月兔茶、垂云茶、雪芽茶、龙焙茶等。茶在我国传统饮食文化中占据相当重要的地位。如用名茶赠送友人，标志着友情的深厚。双井茶是当时的主要贡茶，产于江西省修水县。双井，是修水县的一个地名，位于县西30里，今以"宁红"茶著名。苏东坡对双井茶的描述，除在《西江月》（茶词）序中提到外，还见于《鲁直以诗馈双井茶，次其韵为谢》。日铸茶产于今浙江省绍兴市的日铸山。见诗《宋城宰韩文山惠日铸茶》。月兔茶，产于四川省涪州。见诗《月兔茶》"中有迷离玉兔儿""此月一缺圆何年"之句。垂云茶，产于浙江省杭州市宝严寺。见诗"怡然以垂云茶见饷，报以大龙团，仍戏作小诗"。龙焙茶，《西江月》（茶词）的首句就是："龙焙今年绝品。"说明它是当年新产的超级茶。龙焙是一个泉名，以龙焙泉水濯制的茶称为龙焙，是宋代建溪进奉皇帝的御茶。

在苏东坡咏茶诗词中，有时名茶与名泉并提。如他居住在江苏宜兴时作的"雪芽我为求阳羡，乳水君应饷惠山"。雪芽、阳羡都是当地名茶，意谓雪芽与阳羡，还要配送无锡的惠山泉。如《西江月》（茶词）"龙焙今年绝品"的后句"谷帘自古珍泉"。谷帘泉位于江西省星子县35里庐山康王谷中，其水味甘，如同帘布挂岩而下，古人认为谷帘泉水是天下第一，故有"谷帘自古珍泉"的词句。

从苏东坡《汲江煎茶》的诗中可以得知，煎茶即取用江水，也须以清澈的江水并用炭火的火焰烹煮。诗中"活水还须活火烹，自临钓石取深清"就是这个意思。

苏东坡的咏茶诗词中，饮茶往往与饮酒相关，酒醒后一般要饮茶。熙宁九年（1076）他任密州知州时作的《望江南》词中写道："寒食后，酒醒却咨嗟。""且对新火试新茶，诗酒趁年华。"词意是古时以寒食节（清明节前一两天）为禁火节。禁火以后，从酒醉中醒过来，不禁发出思念故乡的感叹。因为寒食节后的清明节，世人有扫墓的习俗，于是，只能生起寒食禁火后的新火烹煮新茶，过着品茶饮酒作诗的生活。

苏东坡饮茶是午时茶，饮酒是卯时酒。元丰七年（1084）十二月二十四，他在泗州刘倩叔游南山时作的《浣溪沙》词中，提到"午盏"，午是饮茶的时间，盏是装茶的杯盏。《南歌子》词中，有"卯酒醒还困"之句。卯酒是卯时饮下的酒。唐代著名诗人白居易认为，卯时酒"神速功力倍"。

苏东坡诗词中，在酒与茶之间认为酒胜过茶。他作的《薄薄酒并引》的词，引中有"薄薄酒，胜茶汤；丑丑妇，胜空房"之句，其二有"薄薄酒，胜茶汤；粗粗布，胜衣裳"之句。意谓浓度淡薄的酒，要胜过茶水；容貌丑陋的妻妾总比独守空房强；粗布衣也比没有衣裳好。然而，酒胜过茶也非绝对。在寒食节，由于禁火冷食，不论山珍海味，也应以节前备好的清茶、糖粥代替。他作的《南歌子》（晚香）词，其中"已改煎茶火，犹调入粥饧（糖）"，就是上面所说的意思。改火，是古时一年四季用不同的木柴取火。

旧时，茶有多种含义，除主要为饮料外，还可以用作订婚聘礼，称为"食茶"。茶有时又是茶与点心的合称。因此在苏东坡诗词中，茶有时是泛指的。如他在初至密州时作的《雨中花》词，其中有"荡飏茶烟"之句。这里所说的茶烟，并非专门煮茶的烟火，而是泛指一天三餐茶饭袅袅上升的炊烟。

（三）对饮茶功效的认识

苏东坡对饮茶的功效的认识与唐代诗人基本一致，认为饮茶具有解渴消渴、消烦清心、兴奋提神等作用，并且认为茗茶可以使心灵得到美的享受。分别来说：

解渴消渴功效。见词《浣溪沙》："酒困路长惟欲睡，日高人渴谩思茶。敲门试问野人家。"词意是说走在乡间绵延弯曲的小路上，既走累了又喝了几杯酒，觉得昏昏沉沉，很想睡上一觉，便向村野的一户人家敲门探问家里有没有茶喝。该词把思茶解渴的心情写得淋漓尽致，妙趣横生。茶的消渴（中医学的一种病名）作用，见诗《鲁直以诗馈双井茶，次其韵为谢》："列仙之儒痟不腴，只有病渴同相如。"说明饮茶可以治疗消渴病。

消烦清心功效。《望江南》词中"且将新水试新茶"之句，意思是说通过品茗新茶以摆脱扫墓思乡的烦恼。对于清心除俗作用，见诗《宋城宰韩文山惠日铸茶》："一啜更能分幕府，定应知我俗人无。"

兴奋提神功效。见诗《汲江煎茶》中："枯肠未易禁三碗，坐听荒城长短更。"意谓枯肠禁受不起三碗茶的兴奋作用，结果只好坐起来听着儋州城中不断的更鼓声。他在《赠包静安先生茶二首》中，也提道："奉赠包居士，僧房战睡魔。""东坡调诗腹，今夜睡应休。"意思是赠茶给包居士，僧房禅坐能战胜睡魔；我自己为了作诗打腹稿，今夜睡眠只好休止了。

苏东坡还认为，茗茶具有很高的审美意识。他的《佳茗似佳人》的咏茶诗中："仙山灵草湿行云，洗遍香肌粉末匀。""戏作小诗君莫笑，从来佳茗似佳人。"这几句诗充分体现了茗茶是一种精神上的享受。

（四）传承唐代斗茶风俗

宋代传承了唐末五代流行的斗茶风俗。斗茶就是比赛分辨茶质的优劣。斗茶的风俗，在苏东坡的诗词中有所体现。他在《月兔茶》的诗中有"君不见斗茶公子不忍斗小团"之句。在《行香子》（茶词）中提道："斗赢一水，功敌千钟。觉凉生，两腋清风。"斗赢一水指斗茶时获得"一水"（斗茶术语）胜利，相当于千钟酒的功效。两腋清风，典出唐诗人卢仝的一首诗，谓茶喝足后，"唯觉两腋习习清风生"。斗茶的内容包括斗形、斗香、斗味、斗色四方面。其中形、香、味都可按直观的感受做出判断。唯有斗色要以白色茶沫为佳，而且茶沫存留以长久不散为好。苏东坡在《浣溪沙》词中"雪沫乳茶浮午盏，蓼茸蒿笋试春盘。人间有味是清欢"之句，就是描绘茶的形、色、味。茶沫以白色为珍品，故以雪乳形容。雪沫乳花，是指茶盏中浮着如雪如乳的泡沫。蓼茸蒿笋试春盘是说享受了由蓼茸蒿笋嫩芽茎秆制成的别有风味的野餐茶肴，尝到了"人间有味是清欢"的生活情趣。春盘是古时立春日装菜肴果品礼物的盘子。他的《西江月》（茶

词）中"盏浮茶乳轻圆，人间谁敢更争妍"两句，就是说从茶盏中浮着乳花般轻圆白色的泡沫看，人间没有敢与双井茶竞美的茶了。

二、古今茶学典籍概况

从陆羽在公元780年编写的第一本《茶经》的问世，到1991年陈宗懋主编《中国茶经》的出版，共经历了1200多年。在这1200多年间，各朝各代都出版了不少茶书经典著作。这些著作内容丰富，从科学到经济，从哲学到文学，无所不包。作者范围从皇帝到平民，不拘一格。

（一）隋唐五代

这一时期出茶书13种，现存4种，以陆羽的《茶经》最著名，开创了茶书的先河，并且水平极高。它全面总结了唐代及以前有关茶叶的知识与经验，生动地描写了茶叶的生产、品饮、茶事，深化饮茶的深层美学并提高了饮茶的文化内涵，被称为古代茶事的"百科全书"。

《茶经》以后，又有裴汶的《茶述》、张又新的《煎茶水记》、苏庚的《十六汤品》、温庭筠的《采茶录》，但大部分是专题性论述。如张又新的《煎茶水记》主要讲泡茶用水。

（二）宋元两代

这一时期出茶书31种，现存12种。总览其书，特点是地域性和专业类的茶书多，除《大观茶论》和《补茶经》外，有14种属这两类。如《北苑茶录》是专讲建安茶的，《茶具图赞》是专讲茶具的。

这时期的茶书以宋徽宗赵佶的《大观茶论》最为著名，他是中国封建王朝皇帝中唯一一个写茶书的人。宋代斗茶成风，《大观茶论》中详细记载了程序繁复、要求严格、技巧细腻的斗茶。

除《大观茶论》外，还有丁谓的《北苑茶录》、蔡襄的《茶录》、沈括的《本朝茶法》、唐庚的《斗茶记》、桑庆的《续茶经》等。

（三）明代

明代是中国出茶书最多的年代。250年间出茶书68种，现存33种。明代是"开千古饮茶之宗"的改革发展时期，特别是废团茶、倡散茶的改革对中国的名茶生产和制茶发展有很重要的意义。改革呼唤人们写出适合时代需要的茶书。明代茶书有三个特点：一是重视前人成果的继承和发展，也注重收集前人的资料，如朱佑槟的《茶谱》就是收集前人论茶之作，屠本的《茗笈》就是摘录陆羽《茶经》、蔡襄《茶录》等十几种茶书编成的。如林大绶则把张又新的《煎茶水记》、欧阳修的《大明水记》及《浮槎山水记》等编辑成《茶经水辨》。二是另辟蹊径、标新立异，对前人的茶书提出了不同的观点。如朱权的《茶谱》，就反对蒸青团茶掺以诸香，独倡蒸青叶茶饮法。三是修改删节前人的典籍比较多。如喻政的《茶书全集》就是编辑增删了别人的茶书汇编而成的。

总之，明代的茶书是抄袭与创新融会在一起，与时代紧密结合的。

（四）清代

清代的茶叶生产、品饮大都沿前代，无多大创新，因此茶书不多，有也是摘抄汇编性的多。清代共出茶书17种，现存8种。清代茶书虽少，但有三点值得研读。一是程渝的《龙井访茶记》，专记龙井茶的产地、采制等。这是最早专记龙井茶的书。二是程雨亭的《整饬皖茶文牍》，详细记载了清末外销出口茶叶的"着色掺杂"以及进口茶机、改良茶叶品质的一段史实，是第一手资料，很有时代特色。三是陆廷灿的《续茶经》，洋洋10万字，列出茶书72种，为古代茶书之最。

（五）清代以后

从最后的一代封建王朝灭亡到现在可分为两个阶段。

一是1912年到1949年。这37年间，由于战乱，民不聊生，茶园凋零，茶文化陷入低潮，仅出了10种书。其中一本还是翻译美国人威廉·乌克斯的《茶叶全书》。值得一提的是，这10本书中就有3本是当代"茶圣"吴觉农亲自写的，他还组织翻译了《茶叶全书》。

二是新中国成立到现在，这一时期茶文化开始恢复和发展，特别是改革开放以后，茶文化空前繁荣，成为中国历史上茶学发展的最好时期。这几十年间，据不完全统计共出茶书600多种（包括我国港台地区出版的茶书），体裁多样，内容丰富，涉及教育、食品、医药、伦理、哲学等多方面。

综上所述，中国茶书共740种左右：隋唐五代出版了13种，宋元出版了33种，明代出版了68种，清代出版了17种，现当代出版了600多种。

二、几种具有代表性的茶书经典

唐代：《茶经》《煎茶水记》。

宋代：《大观茶论》《茶录》。

明代："四书"（即《茶录》《茶谱》《茶疏》《茶解》）中的《茶疏》。

清代：《续茶经》。

当代：《中国茶经》《中国名茶志》《中国茶叶大词典》及一套茶叶丛书。

（一）《茶经》

《茶经》于公元780年写成。全书分上中下三卷，约7000字。该书从各方面总结论述了唐以前及唐代中期的茶学。"一之源"阐述了茶叶的产地、茶树生长特征和茶叶的功能；"二之具"介绍采茶制茶的15种工具；"三之造"叙述了采茶的时间和制茶工艺等；"四之器"介绍了当时煮茶饮茶的26种器具及其使用方法；"五之煮"介绍了煮茶的方法；"六之饮"说饮茶始于神农，闻于周公，盛于唐朝，并介绍了饮茶方法；"七之事"介绍了一些与茶有关的人和事及文献；"八之出"介绍了唐代产茶的八大地区；"九之略"是说制茶煮茶的器具什么时候可以省略，什么时候不可以省略；"十之图"是将以上九方面的内容以白绢绘成图，令人一目了然。

《茶经》的内容丰实，是一部茶叶百科全书，它涉及生物学、栽培学、制茶学、分类学、生态学、药理学等。《茶经》还记载了唐朝以前的神话、寓言、史籍、诗赋、传

记、地理等书籍，是中国古文化的宝库。

《茶经》是世界上第一部茶学经典著作。它早于日本的第一部茶书《吃茶养生记》（日本的荣西禅师于1191年出版）411年，早于《茶叶全书》（美国威廉·乌克斯编写，1935年出版）1155年。这三部茶书被称作世界三大茶叶专著，是茶书中的经典。

《茶经》的作者陆羽，生于唐玄宗开元二十一年（733），字鸿渐，是一弃儿，被湖北天门西塔寺和尚智积收养，12岁以前是寺庙中的小和尚，后逃出寺庙，到一家戏班子学戏。天宝十年（742）与礼部郎中崔国辅相识并得到资助，进行了茶叶考察，从学习、考察到写成《茶经》前后用了38年。陆羽由弃儿变成了举世闻名的茶叶专家，影响了全世界，被世人称为"茶圣""茶神"。陆羽死于唐贞元末年（804），享年71岁，葬于湖州杼山。

（二）《煎茶水记》

张又新，河北深县（现泽州市）人，唐元和九年（814）进士，出身官宦之家，喜欢饮茶评水。

《煎茶水记》唐代张又新著，于825年前后成书。其主要内容说陆羽在考察茶叶的同时考察了全国的名泉名水，排出了20个泡茶最好的名泉。为增加名泉的可信度，书中还写了一个陆羽识水的故事：湖州刺史李季卿有一次从湖州到扬州，路遇陆羽，请陆羽品茶，命军士到江中取南零水。军士去江中取水，回来时由于小船颠簸，到岸时桶中的水只剩了一半，军士怕被李季卿责怪，就在江边灌满。陆羽尝水后说，这不是南零水。李季卿不信，陆羽把桶中水倒掉一半再尝，说这才是南零水。李季卿方知原委，众人佩服。

（三）《大观茶论》

《大观茶论》宋代皇帝赵佶编著，于1107年成书。全书2900字，正文分产地、天时、采择、蒸压、制造、鉴别、白茶、罗碾、盏、筅、瓶、杓、水、点、味、香、色、藏焙、品茗、外焙20篇。对于产地、采制、烹调论述得非常详尽。在色、香、味的审评中，《大观茶论》比陆羽的《茶经》更清楚详细。在茶道精神方面，陆羽提出了"精行俭德"，而赵佶提出了"清和澹静"，境界更深了一层。这是宋代品茗斗茶更为深入的客观反映。

《大观茶论》的作者是北宋第八位皇帝徽宗赵佶。此人生活豪奢，治国无能，最后被金兵掳去，死于五国城（今黑龙江依兰）。但他是一位风流文人，琴棋书画无一不通，尤其是诗词书画更是有名。25岁时作的《桃鸠图》成为遗世国宝。他是中国唯一一位写过茶书的皇帝。

（四）《茶录》

《茶录》的作者是蔡襄。本书是作者于宋代皇祐四年（1052）给皇帝进的书表。全文约1000字。宋代贡茶以北苑茶（产于福建建安）为主，蔡襄时任福建转运使，监造北苑贡茶。他曾继丁谓献龙团茶后又造小龙团献给皇帝，深得皇帝赏识，于是以善于识茶、制茶名震朝野，所以皇帝经常问他一些建茶的问题。但陆羽《茶经》上未论及建茶，丁谓《茶图》中只谈了采制，所以蔡襄写了《茶录》上呈皇帝，以答提问。全书有前序后序。中间正文分两篇，上篇论茶，下篇论茶器。前序是写为什么要写《茶录》，后序是写他上奏皇帝的《茶录》手稿被人窃去，后被人刊出而购买，但错误较多。所以修正后的《茶录》于治平元年（1064）五月刻于石上以永远流传。

另一本《茶录》是明代张源于 1595 年前后写成的。全书 1500 字，分采茶、藏茶、火候、辨汤、泡法、投茶、饮茶、色、香、味、茶变不可用、品泉、井水不宜用、茶盏、拭盏布、分茶盒、茶道等 23 节，各条篇幅不长，有的仅有几句，但文笔简洁有新意，不少内容突破了陆羽《茶经》中的提法，如对土壤的认识。书中对炒青绿茶的制法写得简明扼要，深得其法；并指明茶叶的品质与制茶的关系，这是茶叶加工上的一大进步。在泡茶上提出了与蔡襄不同的看法，提出"汤须五沸，茶奏三奇"的观点。五沸是虾眼、蟹眼、鱼眼、连珠、涌沸（初声、转声、振声、骤声、无声），要听其声看其汤。"三奇"是放茶的次序，即"上投、中投、下投"。这三种投茶的方法到现在还在应用。该书还提出了品茶先要温壶烫盏，在品茶时以少为贵，"独啜曰神，二客曰趣，五六曰泛，七八曰施"。

《茶录》对茶的色、香、味，对泡茶的用水、用器都提出了详细的科学论述，在陆羽《茶经》的基础上有了突破和创新。书的最后一节提出了"茶道"，并对"茶道"进行了高度的概括："造时精、藏时燥、泡时洁，精、燥、洁，茶道尽矣。"张源是古代第三个提出"茶道"一词的人（一是唐皎然"孰知茶道路全尔真，唯有丹丘得如此"，二是封演"于是茶道大行"），也是提得最全面的人。这本书可以说是古代的茶艺大全，对茶艺很有指导意义。

（五）《茶疏》

《茶疏》是许次杼于明万历二十五年（1597）写成的。全书约 4700 字，分产茶、古今制茶、炒茶、收藏、置顿、取用、包裹、日用置顿、择水、口啜、论客、茶所、童子、饮时、不易用、良友、出游、权宜、宜节、考本等 36 节。这些章节都是根据作者的体验写成的，提出了"名山出名茶"的观点。在制茶中总结了炒青绿茶的优点。提出的茶保存方法，具体实用。泡茶方法写得科学实际。书中还首次提出了茶寮（茶馆初型）基本设置。

《茶疏》在最后的《考本》中提出"茶礼"，将饮茶从物质层面上升到精神层面。

作者许次杼，字然明，号南山，钱塘（今杭州）人，能文，善诗，好藏奇石，嗜茶成癖，长期生活在茶园中，能种茶制茶。

（六）《续茶经》

《续茶经》是中国古茶书中字数最多的茶书。它全书 10 万字左右，几乎收集了清代以前所有茶书的资料。之所以称《续茶经》，是按唐代陆羽《茶经》的写法，同样分上、中、下三卷，同样分一之源、二之具、三之造、四之器、五之煮、六之饮、七之事、八之出、九之略、十之图，最后还附一卷茶法。

《续茶经》把收集到的茶书资料，按 10 个内容分类汇编，便于读者聚观比较，并保留了一些已经亡佚的茶书资料。所以《四库全书总目提要》中说："自唐以后阅数百载，产茶之地，制茶之法，业已历代不同，既烹煮器具亦古今多异，故陆羽所述，其书虽古

而其法多不可行于今，延灿一订补辑，颇切实用，而征引繁富。"这本书很值得一读。

作者陆延灿，字幔亭，嘉定人，曾任崇安（现武夷市）知县。他在茶区为官，长于茶事，采茶、蒸茶、试汤、候火颇得其道。

（七）《中国茶经》

《中国茶经》在现代茶书中具有代表性，在综合性茶书中水平是较高的。它是全国50多位茶叶专家，用了3年的时间编写的，于1992年出版。全书分茶史篇、茶性篇、茶类篇、茶技篇、饮茶篇、茶文化篇及附录七大部分，共160万字。该书全面系统地介绍了茶叶的起源和传播、茶叶的性质和功能、茶叶的品类和花色、茶的栽培和贮存、茶的品饮和礼俗及茶与文化的关系，重点突出，简繁分明，是一部科学性、文化性兼备的经典性著作。全书不论在广度、深度，还是在精度上都具体体现了当代中国茶学研究的最高水平，是继唐代陆羽的《茶经》问世1200多年之后具有现代高水平的新"茶经"。

值得一提的是，后来又出版了两本大型茶叶图书，一本是《中国茶叶大词典》，一本是《中国名茶志》，都是在2000年12月出版的。两者都是由全国上百个茶叶专家编写的。《中国茶叶大词典》条目9972条，《中国名茶志》写了1017种名茶。

第三节　相关诗句

唐代诗人元稹，官居同中书门下平章事，与白居易交好，常常以诗唱和，所以人称"元白"。元稹有一首宝塔诗，题名《一字至七字诗·茶》，此种体裁，不但在茶诗中颇为少见，就是在其他诗中也是不可多得的。诗曰：

茶，

香叶，嫩芽，

慕诗客，爱僧家。

碾雕白玉，罗织红纱。

铫煎黄蕊色，婉转曲尘花。

夜后邀陪明月，晨前命对朝霞。

洗尽古今人不倦，将至醉后岂堪夸。

茶赋

苍山牧云

序

人间有仙品，茶为草木珍。蛮名噪海外，美誉入杯樽。茶之荣也！浓茶解烈酒，淡茶养精神。花茶和肠胃，清茶滤心尘。茶之德也！乌龙大红袍，黄山素毛峰；南生铁观音，北长齐山云；东有龙井绿，西多黄壤林。茶之生也！茗品呈六色，甘味任千评。牛饮可散燥，慢品能娱情。茶之趣也！

春茶肥，秋茶瘦，夏茶薄，冬茶透。凡有好茶，无不趁天时地利之便，得人勤种良之先。毛峰刚烈，雀舌披银装；龙井清高，泽色逐浅黄。铁观音，素闻名；质如铁，芙蓉沙绿一冠绝。碧螺春，毛全身；铜丝条，一嫩三鲜古难调。汤鲜色浓，以茶洗眼可以明目；味高甘醇。以茶入枕可以安神。得茶疗之效！感香馥蒸腾，与云蒸霞蔚之间，享齿间轮回之韵。得听茶之妙！观紧直冲升，与展叶放香之际，品人生荣辱沉浮。得赏茶之要！此三者，君子玩茶之得也。

梅有骨而竹有节，水能言而茶能语。茶有千种，气合万象；汁含百味，寓意沧桑。香茶以待客，色醇而情意重，清烈喻薄厚；浊水而逐人，味淡而友情薄，浓淡比亲疏。汤色艳而味重，细品当为雅客；香气高而祈红，牛饮必是粗人。茶雾禅云，瓷工陶趣。饮茶乎，玩情逸性也。大凡对茶当有招宴工夫，君子如茶常饮入味，可引与知己，倘枯坐无友，独盏把杯如喝闷酒，品而无心，味同嚼蜡有何妙哉？抑或遇神品而不细赏，如逢君子而不结交，得神女而泄欲，亦诚人间恶事。

绿茶炒，红茶蒸；白茶晒，黄茶闷。嫩度定品质，条索观外形。色泽考工艺，整碎参审评。叶本一色，炒烘蒸闷成百味，绿茶之鲜浓，洗尽古今烦恼事。质缘半林，搓揉切捻焙天香，红茶之甘醴，恰如世间明白人。作歌曰：南方佳木，细叶青青；丘岭叠翠，岩壑争新；入店求市，访之有名；逢家大兴，值抵黄金。汤肥色丽，光透红匀。健康玉液，灵魂至饮。

课后练习

请补充茶联：

1. 四川峨眉山茶联

上联：_____；

下联：月色竹影，普示无边圆觉，碧莲白象青狮。

2. 四川青城山常道观"天狮洞"的茶联

上联：云带钟声采茶去；

下联：_____。

3. 茶事趣联：

上联：_____；

下联：劳心苦，劳力苦，苦中作乐，再拿一壶酒来。

4. 请为下边茶联中相同的字注音

上联：一杯清茶，解（　　　　）解（　　　　）解（　　　　）元之渴；

下联：七弦妙曲，乐（　　　　）乐（　　　　）乐（　　　　）师之心。

第三章 茶艺概述

第一节 茶艺的形成

茶艺，萌芽于唐，发扬于宋，改革于明，极盛于清，可谓有相当悠久的历史渊源，自成一系统。中国茶艺具有民族性，自然谦和，不重形式。所以不管是唐代的《茶经》，宋代的《大观论茶》，或明代的《茶疏》，文中所谈仅是通论，一般人将饮茶融成生活一部分，没有什么仪式，没有任何宗教色彩，茶是生活必需品，高兴怎么喝，就怎么喝。饮茶所讲究的是情趣，如披咏疲倦、夜深共语、小桥画舫、小院焚香，都是品茗的最佳环境和时机，"寒夜客来茶当酒"的境界，不但表露出宾主之间的和谐欢愉，而且蕴蓄着一种高雅的情致。

中国是茶的故乡，历史悠久。据《华阳国志·巴志》记载："园有方翡，香茗。"我国人工栽培利用茶树已有三千多年历史。在这悠久的历史发展进程中，茶已成为我国各族人民日常生活的一部分。首先，茶在日常生活中被普遍饮用，人们把其当成饮料，用茶的自然功效清神益智、助消化等。其次，茶的又一重要功能是精神方面的。人们在饮茶过程中讲求享受，对水、茶、器具、环境都有较高的要求；同时以茶培养、修炼自己的精神道德，在各种茶事活动中去协调人际关系，也沟通彼此的情感，达到以茶雅志、以茶会友的效果。茶本身存在着一种从形式到内容，从物质到精神，从人与物的直接关系到成为人际关系的媒介的特质，茶在运用过程中逐渐形成传统东方文化的一朵奇葩——中国茶文化。茶的特殊自然功效使茶文化在中国传统优秀文化中占有一席之地。

在中国古代，文人用茶以激发文思，道家用茶以修身养性，佛家用茶以解睡助禅，等等。物质与精神相结合，使人们在精神层次上感受到了一种美的熏陶。在品茶过程中，人们与自然山水结为一体，求得明心见性、回归自然的特殊情趣。所以品茶时对环境的要求十分严格：或是江畔松石之下，或是清幽茶寮之中，或是宫廷文事茶宴，或是市中茶坊、路旁茶肆，等等。不同的环境会产生不同的意境和效果，渲染衬托不同的主题思想，庄严华贵的宫廷茶、修身养性的禅师茶、淡雅风采的文士茶，都有不同的品茗环境。对于再现生活品茶艺术表演，不同类型的茶艺要求有不同风格的背景。主题和表现形式的一致，通过背景衬托，增强感染力，再现生活品茶艺术魅力。在茶文化的挖掘研究中，何种形式的环境适合何种茶艺表演，尚有必要探讨。背景中景物的形状、色彩的基调，书法、绘画和音乐的形式及内容，都是茶艺背景风格形成的因子。

第二节　茶艺的内容和茶艺的背景

一、茶艺的内容

茶艺是包括茶叶的品评和艺术操作手段的鉴赏以及品茗美好环境的领略等整个品茶过程，其过程体现形式和精神的统一。

就形式而言，茶艺包括选茗、择水、烹茶技术、茶具艺术、环境的选择创造等一系列内容。品茶，先要择，讲究壶与杯的搭配，或是古朴雅致，或是豪华庄贵。另外，品茶还要讲究人品与环境的协调，文人雅士讲求清幽静雅，达官贵族追求豪华高贵。一般传统的品茶，环境要求多是清风、明月、松吟、竹韵、梅开、雪霁等种种妙趣和意境。总之，茶艺是形式和精神的完美结合。传统的茶艺，是用辩证统一的自然观和人的自身体验，从灵与肉的交互感受中来辨别有关问题，所以在技艺当中，既包含着我国古代朴素的辩证唯物主义思想，又包含了人们主观的审美情趣和精神寄托。

茶艺主要包括以下内容：

第一，茶叶的基本知识。学习茶艺，首先要了解和掌握茶叶的分类、主要名茶的品质特点、制作工艺，以及茶叶的鉴别、贮藏、选购等内容。这是学习茶艺的基础。

第二，茶艺的技术。这是指茶艺的技巧和工艺，包括茶艺表演的程序、动作要领、讲解的内容，茶叶色、香、味、形的欣赏，茶具的欣赏与收藏等内容。这是茶艺的核心部分。

第三，茶艺的礼仪。这是指服务过程中的礼貌和礼节，包括服务过程中的仪容仪表、迎来送往、彼此沟通的要求与技巧等内容。

第四，茶艺的规范。茶艺要真正体现出茶人之间平等互敬的精神，因此对宾客都有规范的要求。作为客人，要以茶人的精神与品质去要求自己，投入地去品尝茶。作为主人，也要符合待客之道，尤其是茶艺馆，其服务规范是决定服务质量和服务水平的一个重要因素。

第五,悟道。道是指一种修行,一种生活的道路和方向,是人生的哲学,道属于精神的内容。悟道是茶艺的一种最高境界,是通过泡茶与品茶去感悟生活、感悟人生,探寻生命的意义。

二、茶艺的背景

茶艺的背景广义上是指整个茶文化背景,狭义上指的是品茶场所的布景和衬托主体事物的景物。茶艺的背景是衬托主题思想的重要手段,它渲染茶性的气质,增强艺术感染力。品茗作为一门艺术,要求品茶技艺、礼节、环境等讲究协调,不同的品茶方法和环境都要有和谐的美学意境。闹市中吟咏自斟,不显风雅;书斋中焚香啜饮,唱些俚俗之曲更不相宜。茶艺与茶艺背景风格要统一,不同风格的茶艺有不同的背景要求。所以在茶艺背景的选择创造中,应根据不同的茶艺风格,设计出符合要求的背景来。

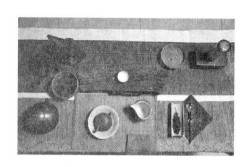

如何来理解茶艺呢?

第一,茶艺是"茶"和"艺"的有机结合。茶艺是茶人把人们日常饮茶的习惯,根据茶道规则,通过艺术加工,向饮茶人和宾客展现茶的冲、泡、饮的技巧,把日常的饮茶引向艺术化,提升了品饮的境界,赋予茶以更强的灵性和美感。

第二,茶艺是一种生活艺术。茶艺多姿多彩,充满生活情趣,对于丰富我们的生活、提高生活品位,是一种积极的方式。

第三,茶艺是一种舞台艺术。要展现茶艺的魅力,需要借助于人物、道具、舞台、灯光、音响、字画、花草等的密切配合及合理编排,给饮茶人以高尚、美好的享受,给表演带来活力。

第四,茶艺是一种人生艺术。人生如茶,在紧张繁忙之中,泡出一壶好茶,细细品味,通过品茶进入内心的修养过程,感悟苦辣酸甜的人生,使心灵得到净化。

第五,茶艺是一种文化。茶艺在融合中华民族优秀文化的基础上又广泛吸收和借鉴了其他艺术形式,并扩展到文学、艺术等领域,形成了具有浓厚民族特色的中华茶文化。

茶艺起源于中国,与中国文化的各个层面都有着密不可分的关系。高山云雾出好茶,清泉活水泡好茶,茶艺并非空洞的玄学,而是生活内涵改善的实质性体现。饮茶可以提高生活品质,同时又可以扩展艺术领域。自古以来,插花、挂画、点茶、焚香并称"四艺",尤为文人雅士所喜爱。茶艺还是高雅的休闲活动,可以使精神放松,拉近人与人之间的距离,化解误会和冲突,建立和谐的关系,等等。这些都为我们认识和理解茶艺，提出了更高、更深的要求。

第三节　学习茶艺用具及其使用方法

在开始学习茶的阶段，我们所需要准备的基本器具有：煮水壶（随手泡）一只、茶道组合一组、茶海（茶船）一个、无色透明玻璃杯若干、四至六人量紫砂壶一把、公道杯一只、小品闻香饮杯（包括品杯和闻杯）若干套、大盖碗（陶瓷紫砂随意）若干、新茶巾（小毛巾）一条，还有就是对茶艺的一颗好奇心了。

茶道组合分别是什么？

形状如夹子的称为茶夹或者茶镊，形状如勺子的称为茶勺或者茶则，形状是一个环形的斗称为茶斗或茶漏，形状为一根细头针形状的称为茶针或茶通，形状为一根扁平弯头木的棍称为茶刮，形状为花瓶造型的称为茶瓶。

水壶和这些用具的功能分别都是什么呢？

煮水壶是为了方便我们在泡茶时容易掌握水温而泡出可口的茶。茶道六件的作用：茶夹是为了在洗涤、回收茶杯时方便夹取，同时也可以夹取一些大块的茶（如普洱等）；茶勺是为了将茶叶放入茶杯（茶壶）时能方便、卫生；茶斗（茶漏）是为了在茶壶口较小的情况下扩大茶壶的壶口使得茶叶能干净地、容易地进入；茶针的作用是在壶嘴被堵时能疏通壶嘴；茶刮的作用是帮助清理出壶内的茶渣；茶瓶（茶筒）则是用来收纳上述五件用具的。

课后思考

1. 如何鉴别茶叶的真伪？
2. 简述盖碗茶的冲泡程序。
3. 请写出福建工夫茶的表演程序。

实训　茶具的识别与鉴赏

实训目的

1. 通过本项目的实训，使学生了解茶艺活动中常用的茶具种类及其功能。
2. 让学生初步掌握茶具的不同材质及其特点。
3. 使学生能初步区分白瓷、青瓷、黑瓷、颜色釉瓷等各种瓷器茶具和紫砂茶具。
4. 提高学生对茶具美的鉴赏能力。

实训场地与器具

茶艺实训室（或教室），茶艺桌，各色土陶、硬陶壶具杯具，各色紫砂壶、紫砂杯具，瓷壶、瓷盖碗、瓷质品茗杯、闻香杯，杯托、水盂、茶盘、茶匙组合、公道杯、玻

璃杯、茶叶罐、汤滤、茶荷、奉茶盘等。

实训要求

仔细观察，认真感受，掌握各种材质的茶具的质感及其特性，熟记各种不同茶具的名称及功能。

实训时间

2学时。

实训方法

1. 教师展示实物进行讲解。

2. 学生分组观赏鉴别。

实训内容与操作标准

1. 不同材质茶具的识别与鉴赏。

（1）教师对各种茶具做介绍。

①陶器：是中国历史上最早的茶具，包括粗陶、硬陶、彩釉陶、紫砂。紫砂茶具按照泥质又分为紫砂壶、朱砂壶、绿泥壶和调砂壶四大类，按造型可分为光货、花货、筋囊货三大类。紫砂茶具以江苏宜兴所产最为著名。陶器一般保温性好，有一定透气性，不透光。

②瓷器：瓷器的发明和使用稍迟于陶器。瓷器茶具分为白瓷、青瓷、黑瓷、颜色釉瓷四大类。白瓷茶具以"瓷都"江西景德镇所产最著名，在白瓷茶具的基础上又有青花瓷以及广彩、粉彩、斗彩、珐琅彩等彩瓷。青瓷是施青色高温釉的瓷器，青瓷茶具质地细腻，造型端庄，釉色青莹，纹样雅丽。青瓷茶具因色泽青翠，用来冲泡绿茶，更有益于展现汤色之美。黑瓷是施黑色高温釉的瓷器，黑瓷茶具流行于宋代，以福建建安窑（在今福建省建阳市）所产的最为著名。颜色釉瓷是各种施单一颜色高温釉瓷器的统称，有海棠红釉、玫瑰紫釉、鲜红釉、石红釉、红釉、豇豆红釉、"茶叶末"等。

瓷器质地细腻光洁，瓷器茶具的硬度、透光度低于玻璃但高于紫砂，保温性高于玻璃但低于紫砂。

③玻璃茶具：是现代茶具的代表。玻璃茶具晶莹剔透，可观赏茶叶形状，造型多样，价格便宜，其保温性稍差，散热性好，特别适合冲泡名优茶。

④竹木茶具：竹木茶具纹理天然，朴实无华，不烫手。目前常用来制作茶桌、茶盘、茶匙组合、茶叶罐、奉茶盘、壶盘、杯托，也有茶碗、茶杯。

⑤金属茶具：材质有金、银、铜、锡、铁等。金银茶具一般多用于陈设。锡、铁多用于制作茶叶罐，因其密封性好，易于保质，使用广泛。

（2）学生分组观赏鉴别各种材质的茶具。

2. 茶具的种类及其功能的认识。

（1）教师根据茶具实物进行讲解及使用操作示范。

①备水器具。

今主要为贮水缸、净水器、煮水器和开水壶等几种。

②泡茶器具。

泡茶容器：茶壶、茶杯、盖碗、冲泡盅（即飘逸杯）等，专用于冲泡茶叶。

茶荷、茶碟：用来放置已量定的备泡茶叶，兼可放置观赏用样茶并方便观赏茶叶。

茶则：用来舀取茶叶，衡量茶叶用量，确保投茶量准确，并兼有观赏茶叶的作用。

茶叶罐：用来贮放泡茶需用的茶叶。

茶匙：拨取茶叶，兼有置茶入壶的功能。

③品茶器具。

茶海（公道杯、茶盅）：贮放茶汤，并有均匀茶汤的作用。

品茗杯、玻璃杯、盖碗：品饮茶汤的杯子。

闻香杯：嗅闻茶汤在杯底留香用。

④辅助用具。

茶针：清理茶壶嘴堵塞时用。

漏斗：方便将茶叶放入小壶。

奉茶盘：盛放茶杯、茶碗、茶具、茶食等，恭敬地端送给品茗者。

壶盘：放置冲茶用的开水壶，以防开水壶烫坏桌面。

茶盘：摆置茶具、用以泡茶的基座，既可增加美观，又可防止烫伤桌面。

茶巾：可用于抹干泡茶、分茶时溅出的水滴；托垫壶底，吸干壶底、杯底之残水。

茶夹：洗品茗杯、闻香杯时夹取杯子用。

水盂（滓盂、滓方）：盛放弃水、茶渣等物的器皿。

汤滤：过滤茶渣。

承托：放置汤滤等用。

茶拂：用以刷除茶荷上所沾茶末之具。

茶刀：用以松解紧压茶。

箸匙筒：插放茶则、茶匙、茶夹、茶针等的底筒状物。

茶食盘：置放茶点茶果茶食的用具。

茶叉：取茶食用。

（2）学生分组轮流识别观赏各种茶具。

达标测试

达标测试表

班级：　　　　组别：　　　学号：　　　　姓名：

序号	测试内容	评分标准	应得分	扣分	得分
1	陶器茶具	能正确识别土陶、硬陶、紫砂以及紫砂中的绿泥、紫砂、朱砂、调砂	15		
2	瓷器茶具	能正确识别青瓷、白瓷、黑瓷、颜色釉瓷以及白瓷中的青花瓷、粉彩此、广彩瓷等	15		
3	玻璃、竹木、金属茶具	能正确识别玻璃、竹、木、金属器皿	10		
4	备水器具	能掌握不同备水器皿的作用	10		

序号	测试内容	评分标准	应得分	扣分	得分
5	泡茶器具	能掌握不同泡茶器皿的作用	15		
6	品茶器具	能掌握不同品茶器皿的用法	15		
7	辅助器具	能掌握不同辅助器皿的用法	25		
合　　计			100		

第四章　茶艺分类

第一节　工夫红茶茶艺

主要用具：瓷质茶壶、茶杯（以青花瓷、白瓷茶具为好），赏茶盘或茶荷，茶巾，茶匙、奉茶盘，热水壶及风炉（电炉或酒精炉皆可）。茶具在表演台上摆放好后，即可进行祁门工夫红茶表演。

一、"宝光"初现

工夫红茶条索紧秀，锋苗好，色泽并非人们常说的红色，而是乌黑润泽。国际通用红茶的名称为"Black tea"，即因红茶干茶的乌黑色泽而得名。请来宾欣赏其色被称之为"宝光"的祁门工夫红茶。

二、清泉初沸

热水壶中用来冲泡的泉水经加热，微沸，壶中上浮的水泡，仿佛"蟹眼"已生。

三、温热壶盏

用初沸之水，注入瓷壶及杯中，为壶、杯升温。

四、"王子"入宫

用茶匙将茶荷或赏茶盘中的红茶轻轻拨入壶中。祁门工夫红茶也被誉为"王子茶"。

五、悬壶高冲

这是冲泡红茶的关键。冲泡红茶的水温要在100℃，刚才初沸的水，此时已是"蟹眼"已过"鱼眼"生，正好用于冲泡。而高冲可以让茶叶在水的激荡下，充分浸润，以利于色、香、味的充分发挥。

六、分杯敬客

用循环斟茶法，将壶中之茶均匀地分入每一杯中，使杯中之茶的色、味一致。

七、喜闻幽香

一杯茶到手，先要闻香。祁门工夫红茶是世界公认的三大高香茶之一，其香浓郁高长，又有"茶中英豪""群芳最"之誉。香气甜润中蕴藏着一股兰花之香。

八、观赏汤色

红茶的红色，表现在冲泡好的茶汤中。祁门工夫红茶的汤色红艳，杯沿有一道明显的"金圈"。茶汤的明亮度和颜色，表明红茶的发酵程度和茶汤的鲜爽度。再观叶底，嫩软红亮。

九、品味鲜爽

闻香观色后即可缓啜品饮。祁门工夫红茶的口感以鲜爽、浓醇为主，与红碎茶浓强的刺激性口感有所不同。它滋味醇厚，回味绵长。

十、再赏余韵

一泡之后，可再冲泡。

十一、三品得趣

红茶通常可冲泡三次，三次的口感各不相同，细饮慢品，徐徐体味茶之真味，方得茶之真趣。

十二、收杯谢客

红茶性情温和，收敛性差，易于交融，因此通常用于调饮。祁门工夫红茶同样适于调饮。然清饮更能领略祁门工夫红茶特殊的"祁门香"香气，领略其独特的内质、隽永的回味、明艳的汤色。最后要感谢来宾的光临，愿所有的爱茶人都像这红茶一样，相互交融，相得益彰。

梁祝茶艺

各位嘉宾大家好，很高兴为大家献上一道浪漫音乐红茶茶艺——碧血丹心，在这道茶艺中我们借助祁门红茶、相思梅和小蜜枣来讲述梁山伯与祝英台的爱情故事。第一道：洗净凡尘（洗杯）。爱是无私的奉献，爱是无悔的赤诚，爱是纯洁无瑕心灵的碰撞。在冲泡前，我们要特别细心地洗净每一件茶具，使它像相爱的心一样一尘不染。第二道：喜遇知音（赏茶）。相传祝英台是一位好学不倦的女子，她摆脱了封建风俗的偏见和家庭的束缚，乔装成男子前往杭州求学，在途中与梁山伯相遇并一见如故，义结金兰，他们两人的相遇就好比茶人看到了好茶一样，一见钟情，一往情深。今天为大家冲泡的是曾风靡世界、在国际上被称为"灵魂之饮"的安徽祁门红茶，请各位嘉宾仔细观赏。第三道：十八相送（投茶）。十八相送讲的是梁祝分别时，在十八里长亭，祝英台送了梁山伯一程又一程，难舍难分，恰似茶人投茶时的心情。第四道：相思血泪（洗茶）。洗茶倾出的茶汤红亮艳丽，像是梁山伯与祝英台的相思血泪，点点滴滴都在倾诉着古老而缠绵的爱情故事，点点滴滴都打动着我们的心。第五道：楼台相会（投梅）。把两颗相思梅放入玻璃壶中与茶合泡，好比梁祝在楼台相会，俩人心相印，情相融。第六道：红豆送喜（投枣）。"红豆生南国，春来发几枝，愿君多采撷，此物最相思。"我们用小蜜枣代表红豆，把蜜枣分到各个杯中，送上我们的祝福，祝天下有情人终成眷属，祝所有的家庭美满、和睦、幸福！第七道：英灵化蝶（出汤）。碧草青青花盛开，彩蝶双双久徘徊，梁祝有情化茶水，洒向人间都是爱。第八道：情满人间（奉茶）。我们将冲泡好的"碧血丹心"敬奉给大家。梁祝虽历尽千苦，但真情留人间。这杯茶是酸酸的、甜甜的，希望各位来宾都能从这杯"碧血丹心"中品悟出妙不可言的爱情故事。

第二节　陆羽小壶泡法

主要茶具：紫砂茶壶、茶盅、品茗杯、闻香杯、茶盘、杯托、电茶壶、置茶用具、茶巾等。

主要茶品：冻顶乌龙、文山包种、阿里山茶。

一、备具

茶车操作台上摆妥清洗过的全套泡茶用具，中间是茶壶、茶盅、盖置、奉茶盘等主茶具，茶杯与托放在奉茶盘上，茶杯倒扣着。右边是茶荷、茶巾、渣匙、茶拂计时器等辅茶器组，左边是煮水器，壶内只放少许泡茶用水。茶车内柜的右边放茶叶罐，中间放热水瓶。茶巾移到茶盅的下方。打开杯子，将杯子排列在壶、盅的前方，杯托留在奉茶盘上。

二、备水

双手将茶壶（连同茶船）移到左前方，腾出正前方的空间。左手将水壶放到正前方。打开水壶盖，放于茶巾上，右手取出热水瓶加满热水。水壶归位，打开热源开关（若水温已够，则免去加热的动作）。若是茶道表演场合，须起立向大家一鞠躬，若是平时可调整一下姿态，关注一下在场的客人，表示你要开始泡茶了。

三、温壶

打开壶盖，放于盖置上。左手提起水壶冲入八分满的热水，归位后右手盖上壶盖。若水温已太高，可以不借温壶以增进等一下（闻香）的效果，则此过程可省略。

四、备茶

右手取出茶罐，打开盖子，将罐盖与罐身放于辅茶器组的下方。将茶荷交给左手，右手拿茶罐，将所需茶叶倒入荷内。若是蓬松的茶叶，不容易倒出，则将茶荷置于面前，使荷口朝右，右手将茶罐交给左手，右手拿渣匙，以渣匙的尾端将茶叶拨入荷内。茶罐依原状放置辅茶器组的下方。

五、识茶

双手捧茶荷，观看茶叶发酵、焙火、揉捻、粗细等茶况，借以决定茶量、水温、浸泡等时间。

六、赏茶

持茶荷请客人赏茶，主人也借此机会介绍一下所要冲泡的茶叶，以利于客人的品饮。

七、温盅

最后一位客人赏完茶，将茶荷送回之前，将温壶的水倒入盅内温盅，也借此机会了解茶盅是否可以一次盛装茶内的茶汤。如果不行，则泡茶时少冲一点水。若不温壶，温盅亦略。

八、置茶

右手拿茶荷交给左手，右手拿渣匙，以尾端协助将茶置入壶内，盖上壶盖。置茶量若嫌不足，再辅置一次；若嫌太多，将多余的茶倒回罐内。以用茶拂将附着于茶叶上的茶末刷入排渣孔或水盂内。盖上罐盖，将茶罐收回茶车内。

九、闻香

右手提起茶壶，左手打开壶盖，欣赏壶内飘出的香气。闻完香，盖上壶盖，放下茶壶。自己先行闻香，一方面有助于泡法的拿捏，另一方面便于向客人介绍。将茶壶送到客人的茶几上，请客人闻香，客人若在对面，先将壶在船上打正，使壶嘴朝前，然后以左手提壶，将壶放在客人的面前，如此，客人可以很方便地以右手提壶闻香。若客人位于你的右侧或左侧，则直接将壶依同一方向送过去即可。

十、冲第一道茶

客人闻香完，将壶送回茶车。冲第一道水，冲水时可用绕倒的方式，将茶叶打湿，绕倒的方向以向内转为佳，也就是以左手执壶时，是依顺时钟的方向。冲水量以盖上壶盖后水不外溢为原则，若不需满壶的水量，可以不必倒满。

十一、计时

冲完水，放回热水壶，盖上壶盖，按下计时器，开始计算茶叶浸泡的时间。如果没有计时器，则用心算。

十二、烫杯

将温盅的水分倒入每个杯子内烫杯，也趁此机会测量刚才八分满的一壶茶是否足够每杯的茶量，若是不够，等一下倒茶时每杯少倒一点；若有多余，冲水时少倒一点水，或留在盅内继续奉茶。烫完杯，若盅内尚剩有热水，则将之倒入排渣孔内。若恐茶汤温度太高，无法及时饮用，可不必烫杯，将温盅的水直接倒掉。若不烫杯，开始泡茶时只将杯子翻正，放在奉茶盘上即可。

十三、倒茶

茶叶浸泡到适当浓度后（也就是到了你预计浸泡的时间），将茶汤全部倒入盅内。倒茶时，先打开盅盖，然后提壶在茶巾上停一下，调整妥手势，持壶将茶倒入盅内；倒完茶，在茶巾上沾一下，调整回手式，将壶放回原位。

十四、备杯

逐个将烫杯的水倒掉，在茶巾上沾一下，放回奉茶盘的杯托上。若不烫杯，无需此项动作。

十五、分茶

持茶盅将茶分倒入杯。

十六、端杯奉茶

持奉茶盘端杯奉茶。奉茶时注意高度和远近，务使客人拿取方便。若从客人侧面奉茶，最好由客人左侧为之，如此客人较易以右手端取杯子。前一位客人端走杯子后，可将盘内剩下的杯子调至美观以及客人方便拿取的位置。持自己的一杯回座位后，放下奉茶盘，再行端取，若分茶时有一杯的茶量不足，或有茶渣，可先端下作为己用，再行奉茶。

十七、冲第二道茶

以适温的水冲入壶内。将计时器归零，再行计时。

十八、持盅奉茶

把泡好的茶倒入盅内，茶盅与茶巾放到奉茶盘上，端起奉茶盘，将茶分倒于客人的杯内。若有水滴落桌上，以茶巾拭之，若倒完茶恐有水滴流出盅外，放回奉茶盘前可在茶巾上沾一下。若从客人前方奉茶，哪一只手倒茶皆可，若位于客人右侧，就要用右手

持盅倒茶才好；若位于客人左侧，则用左手持盅倒茶，这些做法是避免手臂太迫近客人。

十九、去渣

泡了第三、四道茶，或泡到茶味已变淡，若仍用原壶继续冲泡第二道茶，或为表现茶道精神，须完成全部动作，就得在茶车上去渣、刷壶，并进行归位、清盅、收杯、结束的动作。否则去渣、刷壶等动作可在客人离去后，于水屋内进行，并直接进行卫生上必需的处理，如烘干消毒等。右手打开壶盖，放于盖置上，将壶把调到左手边，左手提起茶壶，右手拿渣匙，将壶垫拾起，放于茶巾的右侧。左手持壶，右手持渣匙，将茶渣去于排渣孔内。放回茶壶，将壶把调向右边.

二十、涮壶

冲入半壶水，向内摇晃壶身使水转动，壶口向下翻转，将壶内残渣随水倒于船内。沾干壶底，放于茶盅的上方。在船上漂洗壶盖，放回壶上。漂洗渣匙，并将茶渣集中至茶船倒水的一端，擦干渣匙，放回茶巾盘上。将船内的残渣倒掉。若使用水盂，去渣、涮壶时是将茶渣、残水倒入水盂内，漂洗壶盖、渣匙也改在涮壶之前，利用壶内的渣匙冲洗。

二十一、归位

将壶垫放回船上。擦拭船底、柜面。将壶放回船上。

二十二、清盅

打开盅盖，放于盖置上，取出滤网倒置于茶巾上，加些水入盅内，盖上盅盖。右手将滤网交给左手，持盅将滤网于排渣孔或水盂上冲掉茶渣。右手提起盅盖，左手放回滤网，盖上盅盖。若继续使用原来的杯子喝第二种茶，持盅于每位客人的杯子倒半杯水，请大家喝掉，欣赏这空白之美。倒干盅内的水，擦干盖置。若不再继续泡茶，且热源开关未关，将之关掉。计时器归零。

二十三、收杯

客人由主客带头，将杯子送回，并行致谢。先送回者往奉茶盘的内面先放，外面留给后放的人。客人皆为长辈时，亦可以由司茶或主人前去手取，但茶杯仍由客人放回奉茶盘上。

二十四、结束

检查操作台面，将茶巾放回茶巾盘上。环顾一下操作台，起身向客人行礼致意。送走客人后，将剩余的茶汤喝掉，回味一下茶会情境，最后将自己的茶杯放回奉茶盘上。将茶具清洗、处理卫生，于茶车上摆放成静态的位置。

乌龙茶茶艺解说词

第一道：焚香静气，活煮甘泉。

"焚香静气"就是希望点燃这支香，能为您营造一个祥和、肃穆、无比温馨的氛围，但愿这沁人心脾的幽香能使您心旷神怡，也希望您的心伴随着悠悠袅袅的香烟升华到无比神奇而又高雅的境界。

"活煮甘泉"就是煮沸这壶中的水。

第二道：孔雀开屏，叶佳酬宾。

"孔雀开屏"就是孔雀向同伴展示它美丽的羽毛，在这我们借助这道程序向各位嘉宾介绍一下典雅名贵、工艺独特的茶具。这是茶盘，我们称之为茶海；这是江苏宜兴的紫砂壶，我们用它泡茶，称之为泡壶，也称之为母壶；这也是宜兴的紫砂壶，我们用它来贮备茶汤，称之为海壶，也称之为子壶。顾名思义，这是一对母子壶。闻香杯，用于闻茶香；品茗杯，用于品茶；这是茶道。茶匙，用于铲茶；茶针，用于疏通壶嘴；茶漏，用于防止茶叶外漏；茶拨，用于拨取茶叶；茶摄，用于摄取壶中叶片。

叶佳是宋代大文学家苏东坡对茶叶的美称，"叶佳酬宾"就是先请各位嘉宾鉴赏一下今天这包茶的外形特征，待会儿再来品鉴它那独有的茶香，感悟它那令人销魂的茶韵。

第三道：大彬沐霖，乌龙入宫。

"大彬沐霖"就是向泡壶内注入开水，用于洗壶并提高壶温。大彬是明代烧制紫砂壶的能工巧匠，他所烧制的紫砂壶，令后人叹为观止，被视为至宝，所以自清代以来大都把名贵的紫砂壶称之为大彬壶。

"×××"茶，乌龙茶类中的珍品，将茶叶直接放入壶中称之为"乌龙入宫"。

第四道：高山流水，春风拂面。

工夫茶茶艺讲究"高冲水，低斟茶"，悬壶高冲，借助开水的冲力，使茶叶在壶中随水浪而翻滚以达到洗茶的目的，在我们留客茶中称之为"高山流水"。

"春风拂面"即用这壶盖轻轻刮去飘浮在茶壶表面的白色泡沫。这样使茶汤更为清澈洁净。

第五道：乌龙入海，重洗仙颜。

冲泡乌龙茶讲究的是头泡汤，二泡茶，三、四泡是精华。所以这第一泡茶是不喝的，用于烫杯和洗茶。将剩余的茶汤直接注入茶海，称为"乌龙入海"。

将茶汤倒尽后，趁壶热、茶热再向泡壶内注入开水，为使茶壶内、外一样热。用开水浇淋于茶壶表面称为"重洗仙颜"。

第六道：母子相哺，再注甘露。

中国台湾地区的著名茶文化专家范增平先生曾说：一壶茶泡出它的人情、诗情和乡情。而我们茶人最看重的是这人间的真情。将母壶中的茶汤直接注入子壶，就好像母亲在哺育婴儿一样，所以我们很形象地称之为"母子相哺"。

将茶汤倒尽后，再向泡壶内注入开水，称之为"再注甘露"。

第七道：祥龙行雨，凤凰点头。

我们将子壶中的茶汤均匀快速地注入闻香杯，称之为"祥龙行雨、甘露普降"。

当壶内茶汤所剩不多时，为使每杯茶一样多，我们采取"点斟"手法，称之为"凤凰点头"向大家表示欢迎的意思。

第八道：龙凤呈祥，凤凰展翅。

中外茶道大师都认为茶道即是人道。茶道最讲究是温馨。我们将品茗杯扣在闻香杯上，称"龙凤呈祥"。祝大家吉祥如意。

将两个杯子翻转过来称之为"凤凰展翅"。凤凰展翅冲霄汉，白鸟齐鸣紧相随。再次祝大家家庭和睦，事业飞黄腾达。

第九道：捧杯敬茶，众手传盅。

拜托这位先生（小姐）将这杯茶传到离我最远的那位先生（小姐）的手中。等我们每个人手中都有一杯茶时，我们再来一起品茶。茶人之间最看重的是平等。茶人之间的友谊是不分年龄的大小和地位的高低，今天我们在这里一起品茶则是缘分。（从右边先传）

第十道：喜闻幽香，鉴赏汤色。

品要三闻、三看、三回味。喜闻幽香是三闻中的头一闻。首先慢慢提起闻香杯，趁热闻一闻杯中的香气是否香高气锐无异味。再看看杯中的汤色是否清亮、艳丽，这正是优质乌龙所具有的汤色。

第十一道，三龙护鼎，出品奇茗。

拿杯姿势：拇指、食指夹指，中指托住杯底，三手指压为龙，杯如顶，称"三龙护鼎"。在座的女士可以像我这样子，翘起兰花指表示雅观。而在坐的男士则双手指往里收，表示稳重。

"出品奇茗"是三品中的头一品，首先让我们看一下这泡茶的水的水平，看是老水或毛青。那品字分为三个口，所以一杯茶分三口来品，品茶时将茶含在口中，吸气并发出声音。品茶时不要认为吸气并发生声音是不文雅的。在我们茶人眼里品茶因吸气发出声音则是对茶的一种赞赏。茶汤和味蕾的接触能使我们更好地品出茶的真味。

第十二道：再斟流霞，二探兰芝。

唐代诗人李商隐曾有诗赞美说："指的浪霞酒一杯，空中宵放几十回。"在这里我们借助色彩艳丽的流霞来比喻茶汤的汤色。"再斟流霞"就是为在座的各位嘉宾斟上这第二道茶。

斗茶相薄兰芝，兰花本是世人公认的王者之香，但范仲淹曾认为茶香却更胜于兰花之香。下面请大家再次提杯，闻一闻这杯中之香是否比单纯的兰花之香更胜一筹。

第十三道：二品云腴，喉底流甘。

云腴是古人对茶的美称，二品云腴是请大家品这第二道茶。这道茶品的是滋味，看茶汤过口入喉是苦涩还是平和。

第十四道：三斟石乳，荡气回肠。

石乳也是茶的代名词，"三斟石乳"就是给各位嘉宾斟上这第三道茶，这道茶我将斟入大家的闻香杯中。茶人闻香时讲究三口气，不仅用鼻子去闻，还从口中吸进香气，再从鼻腔呼出。用这种独特的方式闻香，茶人称之为"荡气回肠"。

第十五道：含英咀华，领悟茶韵。

清代大才子在品茶时讲究"含英咀华，徐徐而体贴之"，这里的"英"和"华"是指花的意思，这道茶我们应将它含在口中稍微停留再吞下，现在大家是否感到满口茶香，此时茶的香、清、甘、活无比美妙的茶韵正体现出来。

第十六道：君子之交，水清味美。

古人云，"君子之交淡如水"，而淡中之味正如您品茶后喝一口白开水，三杯茶后我请大家喝一口白开水，看今天的白开水与平常的水有什么不同之处。现在大家是否感到舌下生津而无比舒畅，这正是茶的回甘所在，"此时无茶胜有茶"，反映出一个人生哲学"平平淡淡才是真"。

第十七道：再展仙容，游龙戏水。

我们用茶镊夹取泡壶中的叶片放入清水杯中，称之为"再展仙容"，杯中的叶片如游龙在戏水。

第十八道：尽杯谢茶，名茶探趣。

这最后一杯茶，请允许我以茶代酒敬在座的各位嘉宾一杯，孙中山先生曾倡导以茶为"国饮"，鲁迅先生曾说"有好茶喝，会喝好茶"是一种清福，因为茶壶虽小但乾坤大，茶壶中有人生的哲理，茶壶中有宇宙的奥妙。自古以来，人们视茶为生活的享受、健身的良药、修身的途径、友谊的纽带，希望大家能喜欢茶。让我们共饮最后一杯茶，再次感谢大家的光临。

第三节　八马式乌龙茶茶艺（见彩图步骤）

第一道　白鹤沐浴　　　第二道　乌龙入宫

第三道　悬壶高冲　　　第四道　春风拂面

第五道　祥龙行雨　　　第六道　凤凰点头

第七道　赏色闻香　　　第八道　品啜甘露　敬杯谢茶

第四节　绿茶茶艺

用具：

玻璃茶杯，香1支，白瓷茶壶1把，香炉1个，脱胎漆器茶盘1个，开水壶2个，锡茶叶罐1个，茶巾1条，茶道器1套，绿茶每人2~3克。

基本程序：

1. 点香——焚香除妄念　　2. 洗杯——冰心去尘凡　　3. 凉汤——玉壶养太和

4. 投茶——清宫迎佳人　　5. 润茶——甘露润莲心　　6. 冲水——凤凰三点头

7. 泡茶——碧玉沉清江　　8. 奉茶——观音捧玉瓶　　9. 赏茶——春波展旗枪

10. 闻茶——慧心悟茶香　11. 品茶——淡中品致味　12. 谢茶——自斟乐无穷

绿茶茶艺解说词

第一道：焚香除妄念。俗话说："泡茶可修身养性，品茶如品味人生。"古今品茶都讲究要平心静气。"焚香除妄念"就是通过点燃这支香，来营造一个祥和肃穆的气氛。

第二道：冰心去凡尘。茶是天涵地育的灵物，泡茶要求所用的器皿也必须至清至洁。"冰心去凡尘"就是用开水再烫一遍本来就干净的玻璃杯，做到茶杯冰清玉洁，一尘不染。

第三道：玉壶养太和。绿茶属于芽茶类，因为茶叶细嫩，若用滚烫的开水直接冲泡，会破坏茶芽中的维生素并造成熟汤失味。因此只宜用80℃的开水。"玉壶养太和"是把开水壶中的水预先倒入瓷壶中凉一会儿，使水温降至80℃左右。

第四道：清宫迎佳人。苏东坡有诗云："戏作小诗君勿笑，从来佳茗似佳人。""清宫迎佳人"就是用茶匙把茶叶投放到冰清玉洁的玻璃杯中。

第五道：甘露润莲心。好的绿茶外观如莲心，乾隆皇帝把茶叶称为"润心莲"。"甘露润莲心"就是在开泡前先向杯中注入少许热水，起到润茶的作用。

第六道：凤凰三点头。冲泡绿茶时也讲究高冲水，在冲水时水壶有节奏地三起三落，好比是凤凰向客人点头致意。

第七道：碧玉沉清江。冲入热水后，茶先是浮在水面上，而后慢慢沉入杯底，我们称之为"碧玉沉清江"。

第八道：观音捧玉瓶。佛教故事中传说观音菩萨常捧着一个白玉净瓶，净瓶中的甘露可消灾祛病、救苦救难。茶艺小姐把泡好的茶敬奉给客人，我们称之为"观音捧玉品"，意在祝福好人一生平安。

第九道：春波展旗枪。这道程序是绿茶茶艺的特色程序。杯中的热水如春波荡漾，在热水的浸泡下，茶芽慢慢地舒展开来，尖尖的叶芽如枪，展开的叶片如旗。一芽一叶的称为"旗枪"，一芽两叶的称为"雀舌"。在品绿茶之前先观赏在清碧澄净的茶水中，千姿百态的茶芽在玻璃杯中随波晃动，好像生命的绿精灵在舞蹈，十分生动有趣。

第十道：慧心悟茶香。品绿茶要一看、二闻、三品味，在欣赏"春波展旗枪"之后，要闻一闻茶香。绿茶与花茶、乌龙茶不同，它的茶香更加清幽淡雅，必须用心灵去感悟，才能够闻到那春天的气息，以及清醇悠远、难以言传的生命之香。

第十一道：淡中品致味。绿茶的茶汤清纯甘鲜，淡而有味，它虽然不像红茶那样浓艳醇厚，也不像乌龙茶那样岩韵醉人，但是只要你用心去品，就一定能从淡淡的绿茶香中品出天地间至清、至醇、至真、至美的韵味来。

第十二道：自斟乐无穷。品茶有三乐，一曰：独品得神。一个人面对青山绿水或高雅的茶室，通过品茗，心驰宏宇，神交自然，物我两忘，此一乐也。二曰：对品得趣。两个知心朋友相对品茗，或无须多言即心有灵犀一点通，或推心置腹述衷肠，此亦一乐也。三曰：众品得慧。在品了头道茶后，请嘉宾自己泡茶，以便通过实践从茶事活动中去感受修身养性、品味人生的无穷乐趣。

第五节　花茶茶艺

用具：

三才杯（即小盖碗）若干只，白瓷壶1把，木制托盘1把，开水壶2把（或随手泡1套），赏茶荷1个，茶道具1套，茶巾1条，茉莉花茶每人2~3克。

基本程序：

1. 烫杯——春江水暖鸭先知　　2. 赏茶——香花绿叶相扶持
3. 投茶——落英缤纷玉怀里　　4. 冲水——春潮带雨晚来急
5. 闷茶——三才化育甘露美　　6. 敬茶——一盏香茗奉知己
7. 闻香——杯里清香浮情趣　　8. 品茶——舌端甘苦人心底
9. 回味——茶味人生细品悟　　10. 谢茶——饮罢两腋清风起

花茶茶艺解说词

花茶是诗一般的茶，它融茶之韵与花香于一体，通过"引花香，曾茶味"，使花香茶味珠联璧合，相得益彰。从花茶中，我们可以品出春天的气息。所以在冲泡和品饮花茶时也要求有诗一样的程序。

第一道：烫杯。

我们称之为"竹外桃花三两枝，春江水暖鸭先知"。这是苏东坡的一句名诗，苏东坡不仅是一个多才多艺的大文豪，而且是一个至情至性的茶人。借助苏东坡的这句诗描述烫杯，请各位充分发挥自己的想象力，看一看在茶盘中经过开水烫杯洗之后，冒着热气的、洁白如玉的茶杯，像不像一只只在春江中游泳的小鸭子？

第二道：赏茶。

我们称之为"香花绿叶相扶持"。赏茶也称为"目品"。"目品"是花茶三品（目品、鼻品、口品）中的头一品，目的即观察鉴赏花茶茶坯的质量，主要观察茶坯的品种、工艺、细嫩程度及保管质量。

如特级茉莉花茶，这种花茶的茶坯多为优质绿茶，茶坯色绿质嫩，在茶中还混有少量的茉莉干花，干花的色泽应白净明亮，这称为"锦上添花"。在用肉眼观察了茶坯之后，还要干闻花茶的香气。通过上述鉴赏，我们一定会感到好的花茶确实是"香花绿叶相扶持"，极富诗意，令人心醉。

第三道：投茶。

我们称之为"落英缤纷玉怀里"。"落英缤纷"是晋代文学家陶渊明先生在《桃花源记》一文中描述的美景。当我们用茶匙把花茶从茶荷中拨进洁白如玉的茶杯时，干花和茶叶飘然而下，恰似"落英缤纷"。

第四道：冲水。

我们称之为"春潮带雨晚来急"。冲泡花茶也讲究"高冲水"。冲泡特级茉莉花茶

时，要用 90℃左右的开水。热水从壶中直泻而下，注入杯中，杯中的花茶随水浪上下翻滚，恰似"春潮带雨晚来急"。

第五道：闷茶。

我们称之为"三才化育甘露美"。冲泡花茶一般要用"三才杯"，茶杯的盖代表"天"，杯托代表"地"，茶杯代表"人"。人们认为茶是"天涵之，地载之，人育之"的灵物。

第六道：敬茶。

我们称之为"一盏香茗奉知己"。敬茶时应双手捧杯，举杯齐眉，注目嘉宾并行点头礼，然后从右到左，依次地把沏好的茶敬奉给客人，最后一杯留给自己。

第七道：闻香。

我们称之为"杯里清香浮情趣"。闻香也称为"鼻品"，这是三品花茶中的第二品。品花茶讲究"未尝甘露味，先闻圣妙香。"闻香时三才杯的"天、地、人"不可分离，应用左手端起杯托，右手轻轻地将杯盖揭开一条缝，从缝隙中去闻香。闻香时主要看三项指标：一闻香气的鲜灵度，二闻香气的浓郁度，三闻香气的纯度。细心地闻优质花茶的茶香是一种精神享受，一定会感悟到在"天、地、人"之间，有一股新鲜、浓郁、纯正、清和的花香伴随着清悠高雅的茶香，沁人心脾，使人陶醉。

第八道：品茶。

我们称之为"舌端甘苦人心底"。品茶是指三品花茶的最后一品——口品。在品茶时依然是"天、地、人"三才杯不分离，依然是用左手托杯，右手将杯盖的前沿下压，后沿翘起，然后从开缝中品茶。品茶时应小口喝入茶汤。

第九道：回味。

我们称之为"茶味人生细品悟"。人们认为一杯茶中有人生百味，无论茶是苦涩、甘鲜还是平和、醇厚，从一杯茶中人们都会有良好的感悟和联想，所以品茶重在回味。

第十道：谢茶。

我们称之为"饮罢两腋清风起"。唐代诗人卢仝的诗中写出了品茶的绝妙感觉。他写道：一碗喉吻润；二碗破孤闷；三碗搜枯肠，惟有文字五千卷；四碗发轻汗，平生不平事，尽向毛孔散；五碗肌骨轻；六碗通仙灵；七碗吃不得，唯觉两腋习习清风生。

第六节　长嘴壶茶艺（见彩图）

一、长嘴壶的溯源

由于人口众多，民族多元化，中国茶艺一方一俗，茶艺表演类型也就丰富多彩、百花齐放。茶艺的概论也是各抒己见。

四川是茶树的原产地之一，也是人类饮茶、制茶的发源地之一，是我国主要产茶省份之一。四川茶区具有得天独厚的自然条件、悠久的产茶历史、精湛的制茶技术和深厚的茶文化底蕴以及高超的掺茶绝技，令人大开眼界，大饱眼福。四川茶艺分为川西盖碗茶艺和川东长嘴壶茶艺。川西是指成都平原，因为老成都的房屋建筑结构大部分都是四合院式，而且坝子都比较宽敞；所以川西盖碗茶艺的主要表现形式就是，一手提个短嘴铜壶，一手拿个七个八个的茶碗，在客人坐下后，只听见这个表演者哨——哨——哨——把盖碗不偏不倚地摆在了茶客的面前，然后提壶掺水。前几年在成都人民公园的鹤鸣茶社还可以看到川西茶艺表演。川东是指现在的重庆地区（以前的重庆属于四川省管辖，1997 年 6 月 18 日重庆市直辖）。由于重庆地势两江相汇，以山为主，所以就出现了很多的码头和吊脚楼，长嘴壶也就是在这种地方环境中孕育而生的。

相传在民国初期，川东一家茶馆由于经营有方，时常座无虚席。茶馆里面一个茶倌在给客人掺茶续水时，实感麻烦又经常打扰客人之间的私密交谈。他绞尽脑汁也没有想出办法来解决给客人掺茶续水的麻烦。一天清晨，这茶倌起床后，无意间发现邻居老人在用一个长嘴的壶给花草浇水，于是他灵机一动，决定仿效浇花草的壶，找到工匠师傅把目前使用的茶壶的嘴加长了一尺，由于他这样的改动确实也给他省去了以前工作当中掺茶续水的麻烦。他的发明，成了该茶馆的一个特色，让生意更是爆棚。

有了这种样式的壶出现，后来很多茶馆的茶倌又因地制宜，根据桌子的大小、场地的局限，相继制出不同长度的铜壶，但当时最长的壶嘴也就二尺。最早把一尺铜壶称为“长铜壶”，是因为壶嘴比一般的茶壶长。二尺的壶被称为“元宝壶”，是因为壶形体态浑圆，犹如元宝。

在 20 世纪 90 年代中期，掺茶动作结合了少许的武术动作，又出现了造型如井栏的铜壶，行内人士都称为“平把壶”，长度大约 85 厘米。20 世纪 90 年代末的时候就出现了龙把的铜壶，长 1 米，简称“龙头长嘴壶”。目前见到的长嘴壶基本上是长 1 米的“平把壶”。

长嘴壶泡茶的优点：

长嘴壶泡茶还有很多的好处。例如，在冲泡绿茶的时候讲究水温不宜过高，铜是所有金属里面传热最快的，所以把开水倒进铜壶里，再由长长的壶嘴里出来，温度自然就降低了。还有因为壶嘴比较细，形成的水注出来有压力能使茶叶在碗里自由地翻滚。所以用长嘴铜壶冲泡出来的绿茶，其香气更好，滋味更醇。

长嘴壶作用的演变过程：

长嘴壶的出现确实给当时川东地区很多茶馆解决了很多的不便之事。由于地势不平，茶馆在平时掺茶续水时的确有诸多的不便，长嘴铜壶的出现大大提高了茶倌的工作效率，同时也减少了在掺茶续水中对客人的打搅。20 世纪 90 年代中期，长嘴壶的使用成了很多餐厅给客人服务的一个亮点，到现在已经升化成了舞台上的一种表演艺术。

二、长嘴壶茶艺动作分解及要领

从 2003 年开始，全国各地就出现了不同流派的长嘴壶茶艺，虽然风格上各有千秋，但最核心的出水、续水、收水的三个程序是谁也无法改变的根本。长嘴壶茶艺流派众多，动作雷同，但招式名称不同。以下列举按身体部位来分解身体各个部位展示动作的注意要领。

（一）头部

头部指以头部某个部位作为长嘴壶的支撑点进行掺茶，还可以根据身体的曲弯垂直的变换演练出不同的动作。

以头顶作为支撑点。要求：左手把住壶杆，右手抓稳壶柄。双脚前后分开，腰部以上往后仰。根据目标茶碗调节身体弧度进行出水、稳定、收水。收水时身体可以稍微再往后仰，变换水线的压力和长度，左手松开，右手提壶。这个动作就可以完美完成。

以头顶作为支撑点。要求：右手握住壶柄，壶杆中段放于头顶上。如果目标茶碗在桌上，左手成掌自然放到后背尾脊上。脚成弓步，腰身挺直。根据目标茶碗进行出水、稳定、收水。收水时右手可是稍微往后拉，变换水线的压力和长度。这个动作就可以完美完成。

以头顶作为支撑点。要求：右手握住壶柄，壶杆中段放于头顶上。如果目标茶碗在左手上，脚成左右弓步，或者双脚交叉，进行出水、稳定、收水。收水时右手可以稍微往后拉，变换水线的压力和长度。这个动作就可以完美完成。

以后脑勺作为支撑点。要求：前后脚成弓步，右手握住壶柄，放于后背，左手辅助。根据目标茶碗进行出水、稳定、收水。收水时腰部可以稍微前倾，变换水线的压力和长度，左手松开，右手提壶。这个动作就可以完美完成。

（二）肩部

以左肩作为支撑点。要求：脚成前后弓步，右手握住壶柄，壶杆放于双肩，左手成掌放于背后尾椎处，根据目标茶碗进行出水、稳定、收水。收水时右手稍微往后拉变换水线的压力和长度，右手提壶。这个动作就可以完美完成。

以双肩作为支撑点。要求：右手握住壶柄，壶杆直接放于双肩上。如果目标茶碗在左手上，脚成左右弓步或者前后弓步，进行出水、稳定、收水。收水时右手可以稍微往后拉，变换水线的压力和长度。这个动作就可以完美完成。

以右肩作为支撑点。要求：脚成前后弓步，右手变换握壶柄姿势，壶杆放于右肩后侧，左手成掌放于背后尾椎处，根据目标茶碗进行出水、稳定、收水。收水时右手稍微往后下降点变换水线的压力和长度，右手提壶。这个动作就可以完美完成。

以右肩作为支撑点。要求：脚成左右弓步，右手握住壶柄，壶杆放于右肩，左手托住壶身，根据目标茶碗进行出水、稳定、收水。收水时右手稍微往后下降点变换水线的压力和长度，右手提壶。这个动作就可以完美完成。

（三）背部

以后背作为支撑点。要求：脚成左右弓步，右手握住壶柄，壶杆放于后背肩，左手成掌放于胸前，根据目标茶碗进行出水、稳定、收水。收水时右手稍微往后下降点变换水线的压力和长度，右手提壶。这个动作就可以完美完成。

（四）腰部

以腰部作为支撑点。要求：脚成前后弓步，右手握住壶柄，壶杆放于腰部，左手成掌放于前胸或者左手盘旋与壶杆，根据目标茶碗进行出水、稳定、收水。收水时右手稍微往后拉变换水线的压力和长度，右手提壶。这个动作就可以完美完成。

以腰部作为支撑点。要求：右手握住壶柄，壶杆放于腰部。如果目标茶碗在左手上，双脚交叉，进行出水、稳定、收水。收水时右手可是稍微往后拉，变换水线的压力和长度。这个动作就可以完美完成。

腰部尽量向后仰，双脚成马步站稳。要求：右手握住壶柄，左手与右手成抱拳状态。根据目标茶碗进行出水、稳定、收水。收水时右手稍微往上提点变换水线的压力和长度，右手提壶。这个动作就可以完美完成。

（五）胸部

以胸部作为支撑点。要求：腰部尽量向后仰。双脚成马步站稳。右手握住壶柄，壶杆放于胸部。如果目标茶碗在左手上，根据目标茶碗进行出水、稳定、收水。收水时右手可以稍微往下拉，变换水线的压力和长度。这个动作就可以完美完成。

（六）腿部

以大腿作为支撑点。要求：单腿站立，右手握住壶柄，壶杆放于大腿 90°角内侧。根据目标茶碗进行出水、稳定、收水。收水时右手可以稍微往后拉，变换水线的压力和长度。这个动作就可以完美完成。

以大腿作为支撑点。要求：单腿站立，右手握住壶柄，壶杆放于大腿部。根据目标茶碗进行出水、稳定、收水。收水时右手可以稍微往后拉，变换水线的压力和长度。这个动作就可以完美完成。

以上的动作分解是每个长嘴壶茶艺师必备的技能。还有一些如以手臂作为支撑点以及目标茶碗在脚背或者脚掌上的，这些相对来说大同小异，没有多高难。只要基本功练扎实了，动作的变化都是小问题。

三、练习长嘴壶茶艺需掌握的基本步骤和掺茶要领

俗话讲：台上三分钟，台下十年功。任何精彩表演背后都是表演者付出了比常人多出了几倍甚至几十倍的艰辛。长嘴壶茶艺师们也不例外。外行感觉这掺茶技艺也就是举手抬足瞬间准确无误地提壶掺茶，在出水收水之间滴水不漏的动作过程。动作看似简单，行云流水但这却要求茶艺师具备良好身体素质和不间断地重复练习。所谓：一天不练手生脚慢，两天不练功夫减半，三天不练成了门外汉。要想达到炉火纯青的地步，必须日复一日、年复一年，持之以恒、坚持不懈地练习。

高楼大厦始于地基，长嘴壶茶艺的技艺要达到炉火纯青、随心所欲的地步也离不开扎实的基本功。基本功的厚度决定造诣的高度。长嘴壶茶艺的练习步骤做到以下几点，奠定坚实的基本功，方可事半功倍。

（一）力道练习

所谓四两拨千斤，靠的就是手臂之力转化到手腕上用出灵巧之力，臂力的大小决定提壶续水时的稳、准度，而不是蛮力。所有的艺术的共同特点都具有灵巧之美，长嘴壶茶艺也不例外。

手腕巧力练习：

1. 双手展开齐肩平衡：顺时针转动手腕 2 分钟后，逆时针转动手腕 2 分钟。

2. 放下双手、十指交叉：顺时针转动手腕 2 分钟后，逆时针转动手腕 2 分钟。

手臂臂力练习：

1. 双手展开齐肩平衡：双手提 2.5～5kg 哑铃或砖块保持 2 分钟以上。

2. 标准姿势俯卧撑 50 个，要求 5 分钟之内完成。

站姿练习：

脚成丁字步，双手放在背后脊椎处，两眼正视前方，保持纹丝不动 5 分钟以上。

弓箭步练习：

1. 前脚蹬后脚撑，身体挺直。前后转换压腿 20 次以上。

2. 前脚蹬后脚撑，身体挺直。左右转换压腿 20 次以上。

马步练习：

双脚分开略宽于肩，呈半蹲姿态，保持 10 分钟以上。

下腰练习：

1. 两人一组，做仰卧起坐，一次性 50 个。

2. 两人一组，其中一个人辅助另外一个人头往后仰，逐步下腰。每次重复不低于 20 次。

单腿独立练习：

1. 单腿站立，另一只腿成 90°，保持平衡，至少 3 分钟以上。双腿轮换。

2. 在平衡后，逐步在保持 90°的腿上放一定重量的物品。双腿轮换。

（二）长嘴壶茶艺的初步实践

持壶要求：

脚呈丁字步，右手紧握壶柄，壶嘴朝上（防止戳伤他人）。

单手掺茶练习要领："准""稳""狠"（果断）。

"准"指的是出水时要准确无误地倒进茶碗里。说起来可能比较容易，做起来就比较困难了。"准"练习时的注意事项：

1. 结合自己身高来调节离目标茶碗的距离。

2. 用脑思考是否能够准确无误地把水倒进茶碗。

3. 用心体会总结为什么不能倒进去，是距离远了还是近了等其他因素造成。

4. 如果没有一次性把水准确无误地倒进去，建议立刻停止，重新调整继续。

5. 当练得可以百发百中时可以换角度，从不同的角度和不同的距离来练习。

"稳"指的是在掺茶过程中，手臂不能晃动。"稳"练习时的注意事项：

1. 前提条件是必须能够把"准"练好。

2. 根据盛水茶碗的大小，保持稳定地把茶碗掺满。

3. 在很稳定地做到以上两点后，可以围绕茶碗走动把茶碗掺满。

"狠"指的是在收水时果断提壶收水，滴水不漏。"狠"练习时的注意事项：

1. 收水时调节手臂高低，让水流压力减缓，水线长度变短。向上轻轻提壶就可以达到滴水不漏。

2. 收水后一定保持壶嘴向上。

花式（动作）掺茶要领：

花式指的就是根据身体上从头到脚的某个部位并结合长嘴壶做出来的动作，相对来说比单手的掺茶简单多了。因为花式掺茶每个动作都有一个支撑点，稳定性就好多了。

花式掺茶练习：

1. 形体的规范性。

2. 茶碗与身体的距离调节。

3. 找好支撑点后对茶碗的准确度的把握。

4. 收水时结合单手收水时的要领，也可以根据动作弧度稍微调整收水。

课后思考

1. 简述长嘴壶茶艺的由来。

2. 简述陆羽小壶泡法步骤。

3. 根据所学自创茶艺解说词及其主题。

第五章 茶道

茶道是烹茶饮茶的艺术，是一种以茶为媒的生活礼仪，也被认为是修身养性的一种方式。它通过沏茶、赏茶、闻茶、饮茶，增进友谊，美心修德，学习礼法，是很有益的一种和美仪式。喝茶能静心、静神，有助于陶冶情操、去除杂念，这与提倡"清静、恬淡"的东方哲学思想很合拍，也符合佛、道、儒的"内省修行"思想。茶道精神是茶文化的核心，是茶文化的灵魂。

第一节 中国茶道

廉、美、和、敬是中国的茶道精神，当然也有不同的提法。中国虽然自古就有道，但宗教色彩不浓，而是将儒、道、佛三家的思想融在一起，给人们留下了选择和发挥的余地，各层面的人可以从不同角度根据自己的情况和爱好选择不同的茶艺形式和思想内容，不断加以发挥创造，因而也就没有严格的组织形式和清规戒律。只是到了20世纪80年代以后，随着茶文化热潮的兴起，许多人觉得应该对中国的茶道精神加以总结，便归纳出几条便于茶人们记忆、操作的"茶德"。

已故的浙江农业大学茶学专家庄晚芳教授在1990年2期《文化交流》杂志上发表的《茶文化浅议》一文中，明确主张"发扬茶德，妥用茶艺，为茶人修养之道"。他提出中国的茶德应是"廉、美、和、敬"，并加以解释：廉俭有德，美真康乐，和诚处世，敬爱为人。具体内容为：

廉——推行清廉、勤俭有德。以茶敬客，以茶代酒。

美——名品为主，共尝美味，共闻清香，共叙友情，康起长寿。

和——德重茶礼，和诚相处，搞好人际关系。

敬——敬人爱民，助人为乐，器净水甘。

第二节　茶艺、茶道对比

茶道是以修行得道为宗旨的饮茶艺术，包含茶礼、礼法、环境、修行四大要素。茶艺是茶道的基础，是茶道的必要条件，茶艺可以独立于茶道而存在。茶道以茶艺为载体，依存于茶艺。茶艺重点在"艺"，重在习茶艺术，以获得审美享受；茶道的重点在"道"，旨在通过茶艺修身养性、参悟大道。茶艺的内涵小于茶道，茶道的内涵包容茶艺。茶艺的外延大于茶道，其外延介于茶道和茶文化之间。

茶道的内涵大于茶艺，茶艺的外延大于茶道。我们这里所说的"艺"，是指制茶、烹茶、品茶等茶艺之术；我们这里所说的"道"，是指茶艺过程中所贯彻的精神。有道而无艺，那是空洞的理论；有艺而无道，艺则无神。茶艺，有名，有形，是茶文化的外在表现形式；茶道，就是精神、道理、规律、本源与本质，它经常是看不见、摸不着的，但你却完全可以通过心灵去体会。茶艺与茶道结合，艺中有道，道中有艺，是物质与精神高度统一的结果。茶艺、茶道的内涵、外延均不相同，应严格区别二者，不要使之混同。

第三节　中日茶道对比

中日茶文化的根源都在中国，而其发展之路却走向了两个不同的方向，这其中是有其必然因素的。

1. 中国茶文化的主体是人，茶是作为人的客体而存在的，茶是为人而存在的。中国茶文化被称为美的哲学。这有五个方面的原因：

（1）中国茶文化美学的根可溯源到先秦和魏晋南北朝，奠定中国古典美学理论基础的宗师是大哲学家。

（2）其理论基础源于一些哲学命题。

（3）中国茶文化美学在发展过程中主要吸收了佛、道、儒三教的哲学理论，并得益于大批思想家、哲学家的推动。

（4）中国茶文化美学强调的是天人合一，从小茶壶中探求宇宙玄机，从淡淡茶汤中品悟人生百味。

（5）中国茶文化美学从哲学的高度，广泛而深刻地影响着茶人，特别是从思维方式、审美情趣、艺术想象力及人格的形成等方面。

总之，中国古典哲学中的美学理念润物细无声般地滋润着中国茶文化这朵奇葩。中国的茶文化中，既有佛教圆通空灵之美，又有道教幽玄旷达之美，还有儒家文雅含蓄之美。

2. 日本茶道，强调的是以下三个观点：

（1）和、敬、清、寂。

"和、敬、清、寂"被称为茶道的四谛、四规、四则，是日本茶道思想上最重要的理念。一提这四个字，人们马上就会将其和茶道联系起来。茶道思想的主旨为：主体的"元"即主体的绝对否定。而这个茶道的主旨是无形的。作为"无"的化身而出现的有形的理念便是和、敬、清、寂。它们是"无"泊生出的四种现象。由这四个抽象的事物又分别产生了日本茶道艺术的诸形式。

（2）一期一会。

"一期一会"中的"一期"指"一期一命""一生""一辈子"的意思。一期一会是说一生只见一次，再不会有第二次的相会，这是日本茶人们在举行茶事时应抱的心态。这种观点来自佛教的无常观。佛教的无常观督促茶人们尊重一分一秒，认真对待一时一事。时至今日，日本茶人仍忠实地遵守着一期一会的信念，十分珍惜每一次茶事，从每一次紧张的茶事中获得生命的充实感。

（3）独坐观念。

"独坐观念"一语出自井伊直弼的《茶汤一会集》。"独坐"指客人走后，独自坐在茶室里。"观念"是"熟思""静思"的意思。面对茶釜一只，独坐茶室，回味此日茶事，静思此日会不重演。茶人的心里泛起一阵茫然之情，又涌起一股充实感。茶人此时的心境可称作"主体的无"。

由此可见，在日本茶道中，刻意地淡化了人的存在，而一味地强求对茶的突出。这正是两国茶文化上最大的差异，也从一个侧面反映了两国文化、价值取向上的差别。

综上所述，我们可以得出如下结论：

中国茶文化的发展是自下而上的，发展的特点是在广度上以求博大，并与儒家思想结下了不解之缘。可以讲，把中国茶文化从儒家思想体系中剥离出来研究是不现实的，也正是这一点，因为中国文人的洒脱不羁，中国茶文化呈现出一种百花齐放、百家争鸣的状态。同时，又由于在中国文化中，"道"是一种非常神圣、非常严肃的事情，所以中国对于茶，只是笼统地称之为"茶文化"或"茶艺"，而不敢奢谈"茶道"。

反观日本，从一开始，茶的传播就是自上而下的，上层社会将茶套入一个神圣的光环中，务精务细，不能不说是拘泥于表象而沦落为形式了。

中日茶文化的对比，简言之：从表象上看，自近代以来，中国的茶文化趋向于没落，反而不及日本这后来者了。但从深层次上看来，这是由两国的民族心态和文化底蕴所决定的：在中国，茶只是一门艺术，是从属于人的一种文化现象；而日本，则是神圣、严肃的大"道"。

第四节　佛教茶道

一、茶道的创立与佛教的渗透

对中国茶道的创立，学术界说法不一。有的引陆羽《茶经》"精行俭德"四字论证。

有的引《封氏见闻记》"又因鸿渐之论广润色之，于是茶道大行"论证，有的引"中国明初朱权自创的茶道"论证，等等。大家都在深入地研究，可谓百花齐放、形势喜人。

陆羽，擅长种菜种茶，首创饼茶炙烤"三沸"煮饮法，对茶的功效论述甚详，对茶的品饮，他侧重精神方面的享受，无疑他是我国茶道的奠基人。但他在《茶经》中没有明确提出"茶道"这个词，令人遗憾。

根据笔者手中资料，"茶道"一词最早是中唐时期江南高僧皎然在《饮茶歌诮崔石使君》一诗中明确提出来的，诗中云：

......

> 一饮涤昏寐，情思朗爽满天地。
>
> 再饮清我神，忽如飞雨洒轻尘。
>
> 三饮便得道，何须苦心破烦恼。
>
> 此物清高世莫知，世人饮酒多自欺。
>
> 愁看毕卓瓮间夜，笑看陶潜篱下时。
>
> 崔候啜之意不已，狂歌一曲惊人耳。
>
> 孰知茶道全尔真，唯有丹丘得如此。

这是一首浪漫主义与现实主义相结合的诗篇，"三饮"神韵相连，层层深入扣紧，对饮茶的精神享受做了最完美最动人的歌颂，不但明确提出了"茶道"一词，而且使茶道一开始就蒙上了浓厚的宗教色彩，是中唐以湖州为中心的茶文化圈内的任何僧侣、文人所不可匹敌的。结合皎然其他重要茶事活动，所以笔者认为皎然是中国禅宗茶道的创立者。由于秘藏了1100多年的唐代宫廷茶具在法门寺重现天日，学术界认为唐代实际上存在着宫廷茶道、僧侣茶道、文人茶道等多元化的茶道，从而论证唐代茶文化的博大精深、辉煌璀璨。但在三种茶道中，笔者认为僧侣茶道是主要的，其魅力和影响力都超过前二种茶道。佛教对茶道的渗透，史料中有魏晋南北朝时期丹丘和东晋名僧慧远嗜茶的记载，可见"茶禅一味"源远流长。但形成气候，笔者认为始起于中唐。

从以上诗句中，我们可以体会到寺院中茶味的芳香和浓烈，僧侣敬神、坐禅、念经、会友，终日离不开茶。禅茶道体现了良然、朴素、养性、修心、见性的气氛，也糅合了儒家和道家思想感情。禅宗茶道到宋代发展到鼎盛时期，被移植到日、韩等国，现在已向西方世界传播，对促进各国文化交流做出了努力。

二、中国茶道与佛教

佛教于公元前6—前5世纪间创立于古印度，在两汉之际传入中国，经魏晋南北朝的传播与发展，到隋唐时达到鼎盛时期。而茶是兴于唐、盛于宋。创立中国茶道的茶圣陆羽，自由曾被智积禅师收养，在竟陵龙盖寺学文识字、习颂佛经，其后又与唐代诗僧皎然和尚结为"生相知，死相随"的缁素忘年之交。在陆羽的《自传》和《茶经》中都有对佛教的颂扬及对僧人嗜茶的记载。可以说，中国茶道从开始萌芽，就与佛教有千丝万缕的联系，其中僧俗两方面都津津乐道，并广为人知的便是——禅茶一味。

（一）"禅茶一味"的思想基础

茶与佛教的最初关系是茶为僧人提供了无可替代的饮料，而僧人与寺院促进了茶叶

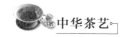

生产的发展和制茶技术的进步，进而，在茶事实践中，茶道与佛教之间找到了越来越多的思想内涵方面的共通之处。

其一曰："苦"。

佛理博大无限，但以"四谛"为总纲。

释迦牟尼成道后，第一次在鹿野苑说法时，谈的就是"四谛"之理，而"苦、集、灭、道"四谛以苦为首。人生有多少苦呢？佛以为，有生苦、老苦、病苦、死苦、怨憎会苦、爱别离苦、求不得苦等，总而言之，凡是构成人类存在的所有物质以及人类生存过程中精神因素都可以给人带来"苦恼"，佛法求的是"苦海无边，回头是岸"。参禅即是要看破生死观，达到大彻大悟，求得对"苦"的解脱。茶性也苦。李时珍在《本草纲目》中载："茶苦而寒，阴中之阴，最能降火，火为百病，火情则上清矣。"从茶的苦后回甘、苦中有甘的特性，佛家可以产生多种联想，帮助修习佛法的人在品茗时，品味人生，参破"苦谛"。

其二曰："静"。

茶道讲究"和、静、怡、真"，把"静"作为达到心斋座忘，涤除玄鉴、澄怀味道的必由之路。佛教也主静。佛教坐禅时的无调（调心、调身、调食、调息、调睡眠）以及佛学中的三学（戒、定、慧）也都是以静为基础。佛教禅宗便是从"静"中创出来的。可以说，静坐静虑是历代禅师们参悟佛理的重要课程。在静坐静虑中，人难免疲劳发困，这时候，能提神益思克服睡意的只有茶，茶便成了禅者最好的"朋友"。

其三曰："凡"。

日本茶道宗师千利休曾说过："须知道茶之本不过是烧水点茶。"此话语中的茶道的本质确实是从微不足道的琐碎的平凡生活中去感悟宇宙的奥秘和人生的哲理。禅也是要求人们通过静虑，从平凡的小事中去契悟大道。

其四曰："放"。

人的苦恼，归根结底是因为"放不下"，所以，佛教修行特别强调"放下"。近代高僧虚云法师说："修行须放下一切方能入道，否则徒劳无益。"放下一切是放什么呢？内六根，外六尘，中六识，这十八界都要放下，总之，身心、世界都要放下。放下了一切，人自然轻松无比，看世界天蓝海碧，月明星朗。品茶也强调"放"，放下手头工作，偷得浮生半日闲，放松一下自己紧绷的神经，放松一下自己被囚禁的性情。演仁居士有诗最妙：放下亦放下，何处来牵挂？作个无事人，笑谈星月大。

（二）佛教对茶道发展的贡献

自古以来僧人多爱茶、嗜茶，并以茶为修身静虑之侣。为了满足僧众的日常饮用和待客之需，寺庙多有自己的茶园，同时，在古代也只有寺庙最有条件研究并发展制茶技术和茶文化。我国有"自古名寺出名茶"的说法。唐代《国史补》中记载，福州"方山露芽"、剑南"蒙顶石花"、岳州"悒湖含膏"、洪州"西山白露"等名茶均出产于寺庙。僧人对茶的需要从客观上推动了茶叶生产的发展，为茶道提供了物质基础。此外，佛教对茶道发展的贡献主要有三个方面：

1. 高僧们写茶诗、吟茶词、作茶画，或与文人唱和茶诗，丰富了茶文化的内容。

2. 佛教为茶道提供了"梵我一如"的哲学思想及"戒、定、慧"三学的修习理念，深化了茶道的思想内涵，使茶道更有神韵。特别是"梵我一如"的世界观与道教的"天人合一"的哲学思想相辅相成，形成了中国茶道美学对"物我玄会"境界的追求。

3. 佛门的茶是活动为茶道的发展的表现形式提供了参考。郑板桥有一副对联写得很妙："从来名士能萍水，自古高僧爱斗茶。"佛门寺院持续不断的茶事活动，对提高茗饮技法、规范茗饮礼仪等都广有帮助。在南宋宁宗开禧年间，经常举行上千人的大型茶宴，并把寺庙中的饮茶规范纳入了《百丈清规》，近代有的学者认为《百丈清规》是佛教茶仪与儒家茶道相结合的标志。要真正理解"禅茶一味"的意境，全靠自己去体会。这种体会可以通过茶事实践去感受，也可以通过对茶诗、茶联的品味去参悟。

课后思考

1. 茶文化的制度层，包括有关_____等方面。
A. 茶的法律、法令　　B. 茶的法规、礼俗　　C. 茶的仪式、风俗
2. 中国茶道"四谛"为_____。
A. 精、行、俭、德　　B. 廉、美、和、敬　　C. 和、静、怡、真
3. 在茶诗中最早在诗中写"茶道"一词的是_____。
A. 东晋杜育　　　　B. 唐代卢全　　　　C. 唐代皎然
4. "茶道自然"中的"自然"作为一个完整的概念最早出自_____。
A. 老子　　　　　　B. 孔子　　　　　　C. 孟子
5. 被称为紫砂壶真正意义上的鼻祖、第一位制壶大师的是_____。
A. 宋代苏东坡　　　B. 明代龚（供）春　　C. 明代时大彬
6. 编撰世界历史上第一部茶业专著——《茶经》的是（　　　）。
A. 神农　　　　　　B. 华佗　　　　　　C. 陆羽
7. 茶树的营养芽，依其生长部位的不同可分为（　　　）。
A. 顶芽和腋芽　　　B. 定芽和不定芽　　C. 腋芽和不定芽
8. 适宜茶树生长的土壤为（　　　）土壤。
A. 碱性　　　　　　B. 中性　　　　　　C. 酸性
9. 茶叶采摘时实行留叶采，将（　　　）。
A. 影响茶叶的产量　　B. 稳定茶叶产量和提高茶叶质量
C. 不能提高产量，只能提高质量
10. 具有"色绿、汤绿、叶绿"三绿特点的茶叶为（　　　）。
A. 炒青绿茶　　　　B. 烘青绿茶　　　　C. 蒸青绿茶

第六章 名茶溯源及其冲泡

第一节 乌龙茶

一、历史溯源

乌龙茶的产生，还有些传奇的色彩。据《福建之茶》《福建茶叶民间传说》载，清朝雍正年间，在福建省安溪县西坪乡南岩村里有一个茶农，姓苏名龙，也是打猎能手，因他长得黝黑健壮，乡亲们都叫他"乌龙"。一年春天，乌龙腰挂茶篓，身背猎枪上山采茶，采到中午，一头山獐突然从身边溜过，乌龙举枪射击，但负伤的山獐拼命逃向山林中，乌龙紧追不舍，终于捕获了猎物。当把山獐背到家时已是掌灯时分，乌龙和全家人忙于宰杀、品尝野味，已将制茶的事忘记了。翌日清晨，全家人才忙着炒制昨天采回的"茶青"。没有想到放置了一夜的鲜叶，已镶上了红边，并散发出阵阵清香，当茶叶制好时，滋味格外清香浓厚，全无往日的苦涩之味。后来人们精心琢磨与反复试验，经过萎凋、摇青、半发酵、烘焙等工序，终于制出了品质优异的茶类新品——乌龙茶。安溪也随之成为乌龙茶的著名茶乡了。

二、制作方法

乌龙茶综合了绿茶和红茶的制法，其品质介于绿茶和红茶之间，既有红茶浓鲜味，又有绿茶清芳香，并有"绿叶红镶边"的美誉。品尝后齿颊留香，回味甘鲜。乌龙茶的药理作用，突出表现在分解脂肪、减肥健美等方面，在日本被称为"美容茶""健美茶"。

形成乌龙茶的优异品质，首先是选择优良品种茶树鲜叶作原料，严格掌握采摘标准；其次是极其精细的制作工艺。制作程序有晾青、摇青、杀青、包揉、揉捻、烘赔。乌龙茶因其做青的方式不同，分为"跳动做青""摇动做青""做手做青"三个亚类。商业上习惯根据其产区不同分为闽北乌龙、闽南乌龙、广东乌龙、台湾乌龙等亚类。乌龙茶为我国特有的茶类，主要产于福建的闽北、闽南及广东、台湾等地。近年来，四川、湖南等省也有少量生产。

乌龙茶由宋代贡茶龙团、凤饼演变而来，创制于1725年（清雍正年间）前后。据福建《安溪县志》记载："安溪人于清雍正三年首先发明乌龙茶做法，以后传入闽北和台湾。"另据史料考证，1862年福州即设有经营乌龙茶的茶栈，1866年台湾地区的乌龙茶开始外销。现在乌龙茶除了内销广东、福建等省外，主要出口日本、东南亚。

三、名贵品种

乌龙茶是中国茶的代表，是一种半发酵的茶，透明的琥珀色茶汁是其特色。但其实乌龙茶只是总称，还可以细分出许多不同类别的茶，例如水仙、黄旦（黄金桂）、本山、毛蟹、武夷岩茶、冻顶乌龙、水仙、肉桂、奇兰、罗汉沉香、凤凰单枞、凤凰水仙、岭头单枞、色种等以及适合配海鲜类食物的铁观音等。名贵品种有下列几种。

（一）武夷岩茶

武夷岩茶产自福建的武夷山。武夷岩茶外形肥壮匀整，紧结卷曲，色泽光润，叶背起蛙状。颜色青翠、砂绿、密黄，叶底、叶缘朱红或起红点，中央呈浅绿色。品饮此茶，香气浓郁，滋叶浓醇，鲜滑回甘，具有特殊的"岩韵"。大红袍则是武夷岩茶中品质最优异者。

大红袍：位居武夷岩茶之首，有"茶王之王"之称，名扬内外。

铁罗汉：位居四大名枞之二。

白鸡冠：位居四大名枞之三。

水金龟：位居四大名枞之四。

武夷肉桂：是近几年新开发的岩茶名枞。

武夷水仙：属半乔木型，叶片比普通小叶种大1倍以上，因产地不同，同一品种制成的青茶，如武夷水仙、闽北水仙和闽南水仙，品质差异甚大，以武夷水仙品质最佳。

武夷奇种：指以单枞冠名以外的茶品种所制成的乌龙茶。

（二）台湾乌龙茶

台湾乌龙茶产于中国台湾地区，条形卷曲，呈铜褐色，茶汤橙红，滋味纯正，天赋浓烈的果香，冲泡后叶底边红腹绿，其中南投县的冻顶乌龙茶（俗称冻顶茶）知名度极高而且最为名贵。

文山包种：又名"清茶"，是台湾乌龙茶中发酵程度最轻的清香型绿色乌龙茶。

冻顶乌龙茶：被誉为台湾乌龙茶中的极品，它属于发酵极轻的包种茶类，在风格上与文山包种相似。

台湾高山茶：台湾高山茶是指生产在海拔800米以上高山区的茶叶，产地主要分布在阿里山、玉山、雪山、中央山、台东山等山区。

白毫乌龙茶：又名"膨风茶""香槟乌龙""东方美人"，为台湾乌龙茶中发酵程度最重的一种。

（三）罗汉沉香

罗汉沉香产于四川蒙顶山。罗汉沉香兼有红茶和白茶的优点，独特的"果香樟韵"，滋味鲜醇高爽，果香清甜，樟香悠长浓郁，香气高雅持久。

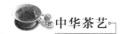

（四）凤凰水仙

凤凰水仙是产于广东潮安凤凰乡的条形乌龙茶，分单丛、浪菜、水仙三个级别。有天然花香，蜜韵，滋味浓、醇、爽、甘，耐冲泡。主销广东、港澳地区，外销日本、东南亚、美国。凤凰水仙享有"形美、色翠、香郁、味甘"之誉。茶条肥大，色泽呈鳝鱼皮色，油润有光。茶汤橙黄清澈，味醇爽口回甘，香味持久，耐泡。

（五）闽北乌龙茶

闽北乌龙茶产地包括崇安（除武夷山外）、建瓯、建阳、水吉等地。

闽北水仙：闽北乌龙茶中的主产品。

闽北乌龙：外形条索紧细重实，叶端扭曲，叶底柔软，肥厚匀整，绿叶红边。

白毛猴：又称"白绿"，是政和县的传统名茶。

（六）闽南乌龙茶

安溪铁观音：因身骨沉重如铁，形美似观音而得名，是福建乌龙茶中的极品，产于闽南安溪。"铁观音"既是茶名，又是茶树品种名。此茶外形条索紧结，有的形如秤钩，有的状似蜻蜓头，由于咖啡因随着水分蒸发，在表面形成一层白霜，称作"砂绿起霜"。此茶冲泡后，异香扑鼻，乘热细啜，满口生香，喉底回甘，称得上七泡有余香。

安溪黄金桂：又名"透天香"，以奇异高香而得名。

永春佛手：主产于永春县，是福建乌龙茶中具有独特风味的名茶之一。

安溪色种：组成色种的乌龙茶品种主要有本山、水仙、奇兰、梅占等。

（七）广东乌龙茶

广东乌龙茶的加工方法源于福建武夷山，因此，其风格流派与武夷岩茶有些相似，外形呈条形。

凤凰水仙：主要产区为凤凰乡，一般以水仙品种结合地名而称为"凤凰水仙"。

凤凰单枞：是以凤凰水仙的茶树品质值株中选育出来的优异单株，其采制比凤凰水仙精细，是广东乌龙茶中的极品之一。产于广东省潮州市凤凰镇茶区。茶形壮实而卷曲，叶色浅黄带微绿。汤色黄艳衬绿，香气清长，多次冲泡，余香不散，甘味犹存。

浪菜：采摘多为白叶水仙种，叶色浅绿或呈黄绿色。

岭头单枞：又称白叶单枞。

石古坪乌龙：以潮安石古坪采制的品质最优。

四、茶具泡法

茶并非越新越好，喝法不当易伤肠胃。由于新茶刚采摘回来，存放时间短，含有较多的未经氧化的多酚类、醛类及醇类等物质，这些物质对健康人群并没有多少影响，但对胃肠功能差，尤其本身就有慢性胃肠道炎症的病人来说，这些物质就会刺激胃肠黏膜，原本胃肠功能较差的人更容易诱发胃病。因此新茶不宜多喝，存放不足半个月的新茶更不要喝。

此外，新茶中还含有较多的咖啡因、活性生物碱以及多种芳香物质，这些物质还会使人的中枢神经系统兴奋，有神经衰弱、心脑血管病的患者应适量饮用，而且不宜在睡前或空腹时饮用，正确方法是放置半个月以后才可能饮用。

（一）安溪泡法

1. 特色：安溪式泡法，重香，重甘，重纯，茶汤九泡为限，每三泡为一阶段。第一阶段闻其香气是否高，第二阶段尝其滋味是否醇，第三阶段看其颜色是否有变化。所以有口诀曰：

一二三香气高。

四五六甘渐增。

七八九品茶纯。

2. 冲泡步骤：

备具：茶壶的要求与潮州式泡法相同，安溪式泡法以烘茶为先，另外准备闻香杯。

温壶、温杯：温壶时与潮州式泡法无异，置茶仍以手抓，唯温杯时里外皆烫。

烘茶：与潮州式相比，时间较短，因高级茶一般保存都较好。

置茶：置茶量依茶性而定。

冲水：冲水后大约十五秒中即倒茶。（利用这时间将温杯水倒回池中）

倒茶：不用公道杯，直接倒入闻香杯中，第一泡倒三分之一，第二泡依旧，第三泡倒满。

闻香：将品茗杯及闻香杯一齐放置在客人面前。（品茗杯在右，闻香杯在右）

抖壶：每泡之间，以布包壶，用力摇三次。（这与潮州式在摇壶意义恰恰相反，因为所用的茶品质不同。）

（二）潮州泡法

1. 特色：针对较粗制的茶，使价格不高的一般茶叶能泡出不凡的风味。此泡法讲究一气呵成，在泡茶过程中不允许说话，尽量避免干扰，使精、气、神三者达到统一的境界。对于茶具的选用、动作、时间以及茶汤的变化都有极高的要求。（类似于日本茶道，只比其逊于对器具的选用）

2. 冲泡步骤：

备茶具：泡茶者端坐，静气凝神，右边大腿上放包壶用巾，左边大腿上放擦杯白巾，桌面上放两面方巾，方巾间放中深的茶匙。

温壶、温盅：滚沸的热水倒入壶内，再倒入茶盅。

干壶：持壶在包壶用巾布上拍打，水滴尽后轻轻甩壶，向摇扇一样，手腕要柔，直至壶中水分完全干为止。

置茶：以手抓茶，视其干燥程度以定烘茶长短。

烘茶：置茶入壶后，若茶叶在抓茶时，感觉未受潮，不烘也可以；若有受潮，则可多烘几次。烘茶并非就火炉烤，而是以水温烘烤，如此能使粗制的陈茶，霉味消失，有新鲜感，香味上扬，滋味迅速溢出。（潮州式所用的茶壶密封性要很好，透气孔要能禁水，烘茶时可先用水抹湿接合处，以防冲水时水分渗进。）

洗杯：烘茶时，将茶盅内的水倒入杯中。

冲水：烘茶后，把壶从池中提起，用壶布包住，摇动，使壶内外温度配合均匀，然

后将壶放入茶池中，再将适温的水倒入壶中。

摇壶：冲水满后，迅速提起，至于桌面巾上，按住气孔，快速左右摇晃，其用意在使茶叶浸出物浸出量均匀。若第一泡摇四下，第二泡、第三泡则依序减一。

倒茶：按住壶孔摇晃后，随即倒入茶海。第一泡茶汤倒完后，就用布包裹，用力抖动，使壶内上下湿度均匀。抖壶的次数与摇次数相反。第一泡摇多抖少，往后则摇少抖多。

分杯：潮州式以三泡为止，其要求是三泡的茶汤须一致，所以在泡茶过程中不可分神，三泡完成后，才可与客人分杯品茗。

注：以上只是潮州的杂派泡法。

五、名茶鉴品

乌龙茶近年市场价格一直走高，供不应求，因而市场上存在乌龙茶品质鱼龙混杂的现象。如何鉴别乌龙茶的品质，在消费中感受物有所值，是众茶友较为关心的问题。唯品质上乘、有品牌、有产量的商品茶，方可称为"优质乌龙茶"。

（一）形成优质乌龙茶的必备条件

1. 季节条件。

不同采制季节对乌龙茶品质影响是极为显著的。一般春茶品质最好，秋茶次之，而夏暑茶品质最差。经过冬季的休眠期，茶树体内积累丰富的营养，在春季气候温暖，雨量充沛，有利于茶树氮代谢的进行，使鲜叶中内含物质丰富，特别是芳香物质、氨基酸、茶氨酸及水溶性成分含量较高，而影响乌龙茶香味的花青素、酯型儿茶素等成分相对较低。所以春季乌龙茶一般香气清高，滋味浓厚甘爽，品质好。夏暑期间，气温较高，茶树生长迅速，体内碳代谢旺盛，有利于茶多酚的积累。特别在高温条件下，茶鲜叶中酯型儿茶素、花青素及青嗅味物质增加，能形成乌龙茶良好香气的萜烯类物质及具有优雅香气的紫罗酮等明显减少。所以夏暑季节所产乌龙茶香气低淡，滋味苦涩，品质较差。秋季天高气爽，昼夜温差大，特别有利于花果香型的芳香物质的形成与积累。如苯乙醛、苯乙醇含量增加，所以秋季所制乌龙茶，香气尤为高锐持久，也就是人们常说的"秋香显露"。但秋季茶鲜叶中，构成茶滋味的内含物质，明显少于春茶，因而秋季乌龙茶常表现出滋味较淡薄、不耐冲泡之特点，这是其品质不如春茶的原因所在。

2. 土壤条件。

土壤是茶树赖以生存的基础，土质条件，不仅影响茶树的生长，而且对茶叶的品质产生影响。根据调查，名茶之乡安溪的西坪、感德、祥华等高山茶园，土层深厚，多为山地棕壤，质地为砂质壤土，表层有机质含量较多，矿质营养丰富，pH 值在 4.5～6.5，不仅适宜茶树生长，而且茶树品质优异。在闻名遐迩的武夷岩茶产地，茶树生长于峰峦岩壑之间，周围茂密的植被和终年清泉细流，不仅为茶树提供了优越的小环境气候，而且这里的土壤多为岩石风化的暗色茶坛土，土层深厚，富含有机质和各种矿物元素，对岩茶优良品质的形成，起了至关重要的作用。

3. 优良茶树良种。

优良的茶树品种是优质乌龙茶品质形成的物质基础，是其他任何农业措施所不可替代的。如闻名遐迩、香味双绝的"铁观音"要用铁观音品种；具有"一早、二奇"独特品质的"黄金桂"，要用黄旦品种；香似兰花的"水仙"，来自水仙品种。可见，名优乌龙茶的品质风格无不与优良的茶树品种相联系。高质量的鲜叶质量是茶叶品质的基础，只有高质量的鲜叶才能制出品质优异乌龙茶。高质量的鲜叶应该符合以下几点要求：乌龙茶的品类繁多，依茶树品种、季节和制作品类不同，在采摘标准上虽小有区别，但其基本的要求是一致，即要求采摘比较成熟的茶树嫩梢。也就是说当茶树新梢形成驻芽时，采摘小至中开面 3~4 个叶片的嫩梢为标准，春季鲜叶持嫩性较好，以采摘中开面为主；秋季气候干燥，鲜叶持嫩性差，以采摘小开面为主。

（二）选择晴天午青鲜叶

春季是乌龙茶采制最好的季节，且常遇阴雨连绵的天气，这对优质乌龙茶品质的形成会产生极大的影响。特别是连续的阴雨天气，鲜叶水分多，又无法晒青，致使做青"走水消青"困难，内含物质不能正常转化，从而也就无法形成优质乌龙茶。另据研究分析发现，连续阴雨采摘的鲜叶中，绿原酸含量都明显增加，鲜叶品质变劣，是制茶香气不佳的主要原因。连续晴朗天气采摘的鲜叶，不仅绿原酸含量少，而且对形成乌龙茶香气有良好作用的沉香醇及氧化物、香叶醇等单萜烯类物质增加，这有利乌龙茶优良品质的形成。

在一日中，由于鲜叶采摘的时间不同，对乌龙茶品质的形成也有一定影响。

早青：上午 10 时以前采摘的鲜叶，大多带有露水，其制茶品质较差。

上午青：上午 10 时以后至中午 12 时以前所采鲜叶。因茶树经过一段时间的阳光照射，露水已消失，制茶品质优于早晚青。

下午青：午后 12 时至 16 时以前所采下鲜叶，新鲜清爽，具有诱人的清香，又有充分的晒青时间，制茶品质优异。

晚青：16 时至 17 时以后所采鲜叶。因鲜叶下山时间较迟，大多错过了晒青的最佳时机，不能利用阳光晒青萎凋，制茶品质也欠佳，但优于早青。

总之，制优质乌龙茶，应选择连续几天晴朗天气的午青鲜叶制作。

优质乌龙茶对保持鲜叶完整新鲜、不受任何损伤，有极严格要求。因为，乌龙茶优异品质的形成，主要是通过摇青，促进"走水"，使梗与叶脉中水溶性成分逐步向叶细胞转移，并与叶内的有效成分结合、转化，形成更高级的香味物质。而梗叶中的水分，则由叶背气孔慢慢散失。

（三）如何选购优质乌龙茶

乌龙茶是鲜叶经萎凋、做青、杀青、揉捻和烘干几个工序制成的，兼有红茶和绿茶的品质特征，汤色金黄，香气滋味兼有绿茶的鲜浓和红茶的甘醇，叶底为绿叶红镶边。

优质乌龙茶的特征。外形：铁观音茶条索壮结重实，略呈圆曲；水仙茶条索肥壮、紧结，带扭曲条形；乌龙茶条索结实肥重、卷曲。色泽：乌龙茶色泽沙绿乌润或青绿油润。香气：乌龙茶有花香。汤色：乌龙茶汤色橙黄或金黄、清澈明亮。滋味：茶汤醇厚、鲜爽、灵活。叶底：绿叶红镶边，即叶脉和叶缘部分呈红色，其余部分呈绿色，绿处翠绿稍带黄，红处明亮。

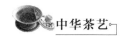

劣质乌龙茶的特征。外形：条索粗松、轻飘。色泽：呈乌褐色、褐色、赤色、铁色、暗红色。香气：有烟味、焦味或青草味及其他异味。汤色：汤色泛青、红暗、带浊。滋味：茶汤淡薄，甚至有苦涩味。叶底：绿处呈暗绿色，红处呈暗红色。

在具体选购时可以对此一一检视。

观其外形。将干茶捧在手上对着明亮的光线检视，无论条形或球形，茶颜色应鲜活。有砂绿白霜像青蛙皮那样才好；注意是否隐存红边，红边是发酵适度的讯号；冬茶颜色翠绿，春茶则墨绿；如果茶干灰暗枯黄当然不好；而那些颗粒微小、油亮如珠，白毫绿叶犹存者，是发酵不足的嫩芽典型的外观，这茶泡起来带青味，稍微浸泡就会苦涩伤胃。检视干茶的同时还要注意手感，球型茶手握柔软是干燥不足；拿在手上抖动要觉得有分量，太轻者滋味淡薄，太重者易苦涩；条形包种茶，如叶尖有刺手感，是茶青太嫩或退青不足造成"积水"的现象，喝起来会苦涩。手捧干茶，埋头贴紧着闻，吸三口气，如果香气持续甚至愈来愈强劲，便是好茶；较次者则香气不足，而有青气或杂味者当然不选。

开汤冲泡。这是试茶最要紧的步骤。

茶商们试茶通常抓一大把茶叶，将茶壶塞满，这当然是商家的瞒天过海之术。买茶试茶只要一只瓷杯、5克茶叶，冲150毫升的开水静置5分钟。然后取一支小汤匙，拨开茶叶看汤色如何，如果浑浊，就是炒青不足；淡薄，则因嫩采和发酵不足。若炒得过火，则叶片焦黄碎裂。好的茶汤，汤色明亮浓稠，依品种及制法不同，由淡黄、蜜黄到金黄都显得鲜艳可爱。把汤匙拿起来闻，注意不要有草青味，好茶即使茶汤冷却，香气依然存在。茶汤含在嘴里，仔细分辨老板所言的"清香"是不是萎凋不足的草青味，草青味是当前乌龙茶制程不够严谨所造成的，有草青味的茶，一旦增大投茶量，再稍加久浸，必然滋味苦涩，汤色变深。总之选购茶叶的原则是少投叶，多冲水，长浸泡，这样茶叶的优缺点就会充分呈现。

第二节　铁观音

铁观音，福建安溪人发明于1725—1735年间，属于乌龙茶类，是中国十大名茶之一，是乌龙茶类的代表。它介于绿茶和红茶之间，属于半发酵茶类。铁观音独具"观音韵"，清香雅韵，"七泡余香溪月露，满心喜乐岭云涛"。除具有一般茶叶的保健功能外，还具有抗衰老、抗癌症、抗动脉硬化、防治糖尿病、减肥健美、防治龋齿、清热降火、敌烟醒酒等功效。

一、品质特征

铁观音是乌龙茶中的极品，其品质特征是：茶条卷曲，肥壮圆结，沉重匀整，色泽砂绿，整体形状似蜻蜓头、螺旋体、青蛙腿。冲泡后汤色金黄浓艳似琥珀，有天然馥郁的兰花香，滋味醇厚甘鲜，回甘悠久，俗称有"音韵"。铁观音茶香高而持久，可谓

"七泡有余香"。

二、主要分类

（一）清香型铁观音

本产品为中国名茶安溪铁观音的高档产品，原料均来自铁观音发源地安溪高海拔、岩石基质土壤种植的茶树，具有"鲜、香、韵、锐"之综合特征。香气高强，浓馥持久，花香鲜爽，醇正回甘，观音韵足，茶汤金黄绿色，清澈明亮。口、舌、齿、龈均有刺激清悦的感受，产品倍受广大消费者的青睐。

冲泡方法：每次将 5～10 克茶叶放进茶杯（盖瓯），用沸水冲泡，首汤 10～20 秒即可倒出茶水，以后依次延长，但不可久浸，可连续冲泡 6～7 次。

温馨提示：宜用山泉水、矿泉水或纯净水冲泡，泡饮效果最佳。

（二）浓香型铁观音

本产品是以传统工艺"茶为君，火为臣"制作的铁观音茶叶，使用百年独特的烘焙方法，温火慢烘，湿风快速冷却，产品"醇、厚、甘、润"，条型肥壮紧结、色泽乌润、香气纯正，带甜花香或蜜香、粟香，汤色呈金黄色或橙黄色，滋味特别醇厚甘滑，音韵显现，叶底带有余香，可经多次冲泡。茶性温和，止渴生津，温胃健脾。

冲泡方法：每次将 5～10 克茶叶放进茶杯（盖瓯），用沸水冲泡，首汤 10～20 秒即可倒出茶水，以后依次延长，但不可久浸，可连续冲泡 6～7 次。

（三）韵香型铁观音

本产品制作方法是在传统正味做法的基础上再经过 120℃ 左右的温度烘焙 10 小时左右，提高滋味醇度，发展香气。原料均来自铁观音发源地安溪高海拔、岩石基质土壤种植的茶树，经过精挑细选、传统工艺精制拼配而成。茶叶发酵充足，传统正味，具有"浓、韵、润、特"之口味，香味高，回甘好，韵味足，长期以来倍受广大消费者的青睐。

冲泡方法：每次将 5～10 克茶叶放进茶杯（盖瓯），用沸水冲泡，首汤 10～20 秒即可倒出茶水，以后依次延长，但不可久浸，可连续冲泡 6～7 次。

韵香型铁观音是经过高级制茶师亲自炒制的，香气与轻发酵的不一样，米香味道，口感偏重，汤水金黄色。适合人群：①超过 30 岁的中年人或年长者。②口感较重者。③胃不好不宜喝青茶者。

温馨提示：传统韵香的铁观音，具有医学上讲到的暖胃，降血压、血脂和减肥的功效，很适合现在应酬多、饮食结构不合理的、肠胃有小毛病、血脂血压高，感觉自己身体胖的朋友饮用。

优点：不必放入冰箱，可长期保存，耐泡。胃寒者更合适，也更去火。

缺点：没有了清香型铁观音的香气，口感饱实、偏重。

三、名称由来

（一）"魏说"——观音托梦

相传，1720年前后，安溪尧阳松岩村（又名松林头村）有个老茶农魏荫（1703—1775），勤于种茶，又笃信佛教，敬奉观音。每天早晚一定在观音像前敬奉一杯清茶，几十年如一日，从未间断。有一天晚上，他睡熟了，迷蒙中梦见自己扛着锄头走出家门，来到一条溪涧旁边，在石缝中忽然发现一株茶树，枝壮叶茂，芳香诱人，跟自己所见过的茶树不同……第二天早晨，他顺着昨夜梦中的道路寻找，果然在石隙间找到梦中的茶树。仔细观看，只见茶叶椭圆，叶肉肥厚，嫩芽紫红，青翠欲滴。魏荫十分高兴，将这株茶树挖回，种在家的一口小铁鼎里，悉心培育。因这茶是观音托梦得到的，取名"铁观音"。

（二）"王说"——乾隆赐名

相传，安溪西坪南岩仕人王士让，清朝雍正曾担任十年副贡、乾隆六年（1741）曾出任湖广黄州府蕲州通判，曾经在南山之麓修筑书房，取名"南轩"。清朝乾隆元年（1736）的春天，王与诸友会文于"南轩"。每当夕阳西下时，他就徘徊在南轩之旁。有一天，他偶然发现层石荒园间有株茶树与众不同，就移植在南轩的茶圃，朝夕管理，悉心培育。茶树年年繁殖，枝叶茂盛，圆叶红心，采制成品，乌润肥壮，泡饮之后，香馥味醇，沁人肺腑。乾隆六年（1741），王士让奉召入京，谒见礼部侍郎方苞，并把这种茶叶送给方苞，方侍郎品其味非凡，便转送内廷，皇上饮后大加赞赏，垂问尧阳茶史，因此茶乌润结实，沉重似铁，味香形美，犹如"观音"，赐名"铁观音"。

四、冲泡艺术

对于冲泡艺术而言，非常重要的一点是讲究理趣并存的程序，讲究形神兼备。茶的冲泡程序可分为备茶、赏茶、置茶、冲泡、奉茶、品茶、续水、收具。

铁观音最好用盖碗的陶瓷茶具冲泡，尽量用纯净水，每次冲泡都用沸水为佳，第一道水洗茶和暖杯，第二道水15~30秒为香……到第五道后浸泡时间稍加延长。

泡铁观音茶最好不超过七道茶水，若是春茶基本是五道，无明显茶香后属茶渣，虽有味实无保健之效，铁观音非越久越好喝，茶香回味为好茶独有。

品茶包括四方面内容：一审茶名，二观茶形色泽（干茶、茶汤），三闻茶香（干茶、茶汤），四尝滋味。

在泡茶过程中，身体保持良好的姿态，头要正、肩要平，动作过程中眼神与动作要和谐自然，在泡茶过程中要沉肩、垂肘、提腕，要用手腕的起伏带动手的动作，切忌肘部高高抬起。冲泡过程中左右手要尽量交替进行，不可总用一只手去完成所有动作，并且左右手尽量不要有交叉动作。冲泡时要掌握高冲低斟原则，即冲水时可悬壶高冲，或根据泡茶的需要采用各种手法，但如果是将茶汤倒出，就一定要压低泡茶器，使茶汤尽量减少在空气中的时间，以保持茶汤的温度和香气。

五、认识误区

(一)误区一：铁观音越香越好

初入门者在购买铁观音时往往被一些茶商、销售员灌输一些错误的概念，其中销售员多以香型迷惑消费者，让消费者以为香味高的就是好铁观音。铁观音确实要讲究香，但并非越香越好。香气好的铁观音多是生长在高海拔的山区，那里云雾多，日光漫射，紫外线强，茶叶内部积累较多芳香物质，茶叶厚柔软，嫩性强。这些地方的铁观音一般能制作出优质的茶香，价钱也较贵。此外，好的茶香也与其品种有关。

从整体表现来说，以铁观音茶等品种茶树为原材，用铁观音茶特定制法制成的铁观音茶具有浓郁的兰花香，滋味有特殊的甘露味，即俗称的"观音韵"。其所特有的花香、果香，并非茉莉、玉兰的鲜花窨制而成，而是由铁观音的茶树品种、气候、季节及独特工艺引发出来的天然香味。

(二)误区二：只认铁观音，不看产区

其实上最简单的办法就是寻找安溪铁观音所在地的商家买茶，这样会比较好点。

安溪县茶区群众重视良种选育，并掌握了无性繁殖手段，无性系茶树品种之多为全国之冠，据县茶树品种普查结果，现有茶树品种达50个以上。其中普通栽植的有铁观音、本山、黄淡（黄旦）、毛蟹、乌龙、梅占、奇兰等。铁观音、毛蟹、梅占、黄旦（黄金桂）、大叶乌龙、本山在1984年于厦门召开的全国茶树良种审定会上被认定为全国良种。

第三节　大红袍

一、茶叶简介

武夷岩茶产于闽北"美景甲东南"的名山——武夷山，茶树生长在岩缝之中。武夷岩茶具有绿茶之清香，红茶之甘醇，是中国乌龙茶中之极品。

武夷岩茶历史悠久，据史料记载，在唐代时这里已栽制茶叶，民间就已将其作为馈赠佳品。宋代被列为皇家贡品；元代还在武夷山设立了"焙局""御茶园"，专门采制贡茶。明末清初创制了乌龙茶武夷山栽种的茶树，品种繁多，有大红袍、铁罗汉、白鸡冠、水金龟"四大名枞"，此外还有以茶树生长环境命名的，如不见天、金锁匙等；以茶树形状命名的，如醉海棠、醉洞宾、钓金龟、凤尾草、玉麒麟、一枝香等；以茶树叶形命名的，如瓜子金、金钱、竹丝、金柳条、倒叶柳等；以茶树发芽早迟命名的，如迎春柳、不知春等；以成茶香型命名的，如肉桂、石乳香、白麝香等。清康熙年间，开始远销西欧、北美和南洋诸国。当时，欧洲人曾把它叫作武夷茶，作为中国茶叶的总称。

武夷岩茶驰名中外，与优异的自然环境是分不开的。武夷山位于$27°35'\sim27°43'$N，

117°55′～118°01′E。方圆 60 公里，平均海拔 650 余米。四周皆溪壑，与外山不相连接，由三十六峰、九十九岩及九曲溪所组成，自成一体。岩峰耸立，秀拔奇伟，群峰连绵，翘首向东，势如万马奔腾，堪为奇观。澄碧清澈的九曲溪，萦绕其间，折为九曲十八湾。山回溪折，真有"曲曲山回转，峰峰水抱流"之貌。而沿溪两岸，群峰倒影，尽收碧波之中，山光水色，交相辉映，实为"碧水丹山"的人间仙境。前人题"武夷山水天下奇，三十六峰连逶迤，溪流九曲泻云液，山光倒浸清涟漪"，概括了武夷山的轮廓。名山胜境，陶冶出岩茶的天然灵气。

二、历史传说

关于"大红袍"这一美名的由来，民间广为流传着美妙动人的传说：

1. 大红袍茶树生长在悬崖绝壁上，人莫能登，每年采茶时，寺僧以果为饵，驯猴子采之，所以有人称之为"猴采茶"。

2. 大红袍茶树高十丈，叶大如掌，生长在峭壁上，风吹叶坠，寺僧拾制为茶，能治百病。

3. 大红袍茶树为神仙所栽，寺僧每于元旦焚香虔诚礼拜，泡少许供佛前，茶能自顾，有窃之者立即腹痛，非育之勿能愈，盖以为神仙所栽，凡人不能品尝也。

4. 大红袍茶树受过皇封，御赐其名，当地县令于每年春季皆亲临九龙窠，将身披红袍脱下盖在茶树上，然后顶礼朝拜，在香烟缭绕中众人齐声高喊：茶发芽！茶发芽！待红袍揭下时茶树果然发芽！茶芽红艳如染。

5. 御封贡茶：某朝某皇后生病，久治未愈，太子遵母命到民间寻找仙草秘方，途中遇一老汉跌倒树下险遭猛虎之类，巧遇太子勇猛相救……二人彼此叙述缘由，老汉为报救命之恩，陪太子直往武夷山九龙窠采下茶树叶子用布包好飞速下山。太子日夜兼程催马直奔京城，将采来的茶叶煮汤给母后喝下，病情日见好转，连喝几天，母后病痊愈，皇帝大喜，连下二道圣旨：一是赐大红袍一件，每年寒冬为茶树御寒；二是封老人为护树将军，世代袭职，每年采制进贡。自此武夷山就把这三株茶树称为大红袍。

6. 贡茶珍品：说某年有位秀才进京赶考，路过武夷山时病倒在路上，巧遇天心寺老方丈下山化缘，便叫人把他抬回寺中，见他脸色苍白，体瘦腹胀，就将九龙窠采制的茶叶用沸水冲泡给秀才喝，连喝几碗，就觉得腹胀减退，如此几天基本康复，秀才便拜别方丈说："方丈见义相救，小生若今科得中，定重返故地谢恩。"不久秀才果然高中状元，并蒙皇帝恩准直奔武夷山天心寺，拜见方丈道："本官特地来报方丈大恩大德。"方丈说："这不是什么灵丹仙草，而是九龙窠的茶叶。"状元深信神茶能治病，意欲带些回京进贡皇上，此时正值春茶开采季节，老方丈帮助状元了却心愿，带领大小和尚采茶制茶，并用锡罐装好茶叶由状元带回京师，此后状元派人把天心寺庙整修一新。谁知状元回到朝中，又遇上皇后得病，百医无效，状元便取出那罐茶叶献上，皇后饮后身体渐康，皇上大喜，赐红袍一件，命状元亲自前往九龙窠披在茶树上以示龙恩，同时派人看营，年年采制，悉数进贡，不得私藏，从此，这三株大红袍就成为贡茶，朝代有更迭，但看守大红袍的人从未间断过。

大红袍之所以特别引人关注，不仅因为神话有趣，更因为始终十分神秘。它的神秘，首先在于它的稀贵。历史上的大红袍，本来就少，而如今公认的大红袍，仅是九龙窠岩壁上的那几棵。满打满算，最好的年份，茶叶产量也不过几百克。自古物以稀为贵。这么少的东西，自然也就身价百倍。民国时一斤就值 64 块银元，折当时大米 4000斤。前几年，有人将九龙窠大红袍茶拿到市场拍卖，20 克竟拍出 15.68 万元的天价，创造了茶叶单价的最高纪录！这么稀贵的茶叶，寻常百姓哪得一见，更不用说品赏了。事实上，大红袍自从它为世人所知，就一直以"贡茶"的身份而蒙着一层光环。

第四节　龙井茶和碧螺春

一、龙井茶

龙井茶是中国著名绿茶，产于浙江杭州西湖一带，已有一千二百余年历史。龙井茶色泽翠绿，香气浓郁，甘醇爽口，形如雀舌，即有"色绿、香郁、味甘、形美"四绝的特点。龙井茶得名于龙井。龙井位于西湖之西翁家山的西北麓的龙井茶村。

龙井茶始产于宋代，明代益盛。在清明前采制的叫"明前茶"，谷雨前采制的叫"雨前茶"。向有"雨前是上品，明前是珍品"的说法。龙井茶泡饮时，但见芽芽直立，汤色清洌，幽香四溢，尤以一芽一叶俗称"一旗一枪"者为极品。

先时此茶按产期先后及芽叶嫩老，分为八级，即莲心、雀舌、极品、明前、雨前、头春、二春、长大。今分为十一级，即特级与一至十级。一斤特级龙井，约有茶芽达三万六千个之多。狮峰山上的龙井为龙井茶中之上品。该茶采摘有严格要求，有只采一个嫩芽的，有采一芽一叶或一芽二叶初展的。其制工亦极为讲究，在炒制工艺中有抖、挺、扣、抓、压、磨、搭、捺、拓、甩十大手法。操作时变化多端，令人叫绝。

（一）产地分布

龙井茶名闻中外，根据产地分狮、龙、云、虎，即狮峰、龙井、云栖、虎跑四地，民国后梅家坞龙井茶的产量有了很大的提高。以前人们按照五个产地的不同品质划分龙井茶的质量排名，分别是狮、龙、云、虎、梅。新中国成立后，龙井茶在浙江省内得到了广泛的种植，品质参差不齐，现在统一分为西湖龙井、钱塘龙井和越州龙井，以西湖龙井品质最佳。

龙井茶的传说

古时龙井旁住着一位老妇人，周围有 18 棵野山茶树，家门口的路是南山农民去西湖的必经之路，行人走到这里总想稍事休息，于是老太太就在门口放一张桌子、几条板凳，同时用野山茶叶沏上一壶茶，让行人歇脚，日子一久，远近闻名。有一年冬天，快

过年时分，雪下得很大，茶树也将冻死，采办年货的行人络绎不绝，依旧在老太太家门口歇脚，其中有一长者见老太愁容不展，就问："老太太年货采办了没有？"老太太长吁短叹地说："别说年货无钱采办，就是这些茶树也快冻死，明年春天施茶也就不成了。"长者指着边上一个破石臼说："宝贝就在这里，有何为，不如将此石臼卖与我好么？"老太太说："破臼本不值钱，你要只顾取去。"长者掏出 10 两银子将石臼搬去，老太太本不肯收钱，无奈长者转身已不知去向，老太太只得将钱收下。第二年春天，18 棵茶树嫩芽新发，长得比往年好，并且洗臼泼水的地方又长出无数棵茶树，老太太又欢天喜地地施起茶来。这就是龙井茶叶的来历。

（二）龙井茶与虎跑泉

龙井茶、虎跑泉素称"杭州双绝"。虎跑泉是怎样来的呢？据说很早以前有兄弟二人，哥弟名大虎和二虎。二人力大过人，有一年二人来到杭州，想安家住在现在虎跑的小寺院里。和尚告诉他俩，这里吃水困难，要翻几道岭去挑水，兄弟俩说，只要能住，挑水的事我们包了，于是和尚收留了兄弟俩。有一年夏天，天旱无雨，小溪也干涸了，吃水更困难了。一天，兄弟俩想起流浪时到过的南岳衡山的"童子泉"，如能将童子泉移来杭州就好了。兄弟俩决定去衡山移来童子泉，一路奔波，到衡山脚下时就累昏倒了。风停雨住过后，他俩醒来，只见眼前站着一位手拿柳枝的小孩，而这小孩竟是管"童子泉"的小仙人。小仙人听了他俩的诉说后用柳枝一指，水洒在他俩身上，霎时，兄弟二人变成两只斑斓猛虎，小孩跃上虎背。老虎仰天长啸一声，带着"童子泉"直奔杭州而去。老和尚和村民们夜里做了一个梦，梦见大虎、二虎变成两只猛虎，把"童子泉"移到了杭州，天亮就有泉水了。

第二天，天空霞光万朵，两只猛虎从天而降，猛虎在寺院旁的竹园里，前爪刨地，不一会就刨了一个深坑，突然狂风暴雨大作，雨停后，只见深坑里涌出一股清泉，大家明白了，这肯定是大虎和二虎给他们带来的泉水。为了纪念大虎和二虎给他们带来的泉水，他们给泉水起名叫"虎刨泉"，后来为了顺口就叫成"虎跑泉"。用虎跑泉泡龙井茶，色香味绝佳。

（三）十八棵御茶

在美丽的杭州西子湖畔群山之中，有一座狮峰山，山上林木葱茏，片片茶园碧绿苍翠，九溪十八涧蜿蜒其间，流水潺潺，云雾缭绕，土层深厚，气候温和，得天独厚的生态环境孕育着享誉世界的"四绝"佳茗——西湖狮峰龙井茶。狮峰山下的胡公庙前，有用栏杆围起来的"十八棵御茶"，在当地茶农精心培育下，长得枝繁叶茂，年年月月吸引着众多游客。

"茶乡第一村"龙井村，因盛产顶级西湖龙井茶而闻名于世。东临西子湖，西依五云山，南靠滔滔东去的钱塘江水，北抵插入云端的南北高峰，四周群山叠翠，云雾环绕，就如一颗镶嵌在西子湖畔的翡翠宝石。

村内旅游资源丰富，御茶园、胡公庙、九溪十八涧、十里琅珰、老龙井等景点点缀其中，为茶乡增加了浓郁的文化氛围。整治工程重塑了龙井村山涧溪流景观，再现了茶乡农居溯溪而上、择水而居的山地景观风貌，基本恢复了富有西湖龙井茶乡特色的自然村落风貌。

（四）级别品种

以往，西湖龙井茶分为特级和一级至十级共 11 个级，其中特级又分为特一、特二和特三，其余每个级再分为 5 个等，每个级的"级中"设置级别标准样。随后稍作简化，改为特级和一至八级，共分 43 个等。到 1995 年，进一步简化了西湖龙井茶的级别，只设特级（分为特二和特三）和一级至四级；同年，浙江龙井茶分为特级和一至五级，共 6 个级别样。下面具体介绍评级标准。

特级一芽一叶初展，扁平光滑。

一级一芽一叶开展，含一芽二叶初展，较扁平光洁。

二级一芽二叶开展，较扁平。

三级一芽二叶开展，含少量二叶对夹叶，尚扁平。

四级一芽二、三叶与对夹叶，尚扁平、较宽、欠光洁。

五级一芽三叶与对夹叶，扁平较毛糙。

龙井茶现在的扁形特点相传源于清乾隆皇帝。据传乾隆巡游杭州时，乔装打扮来到龙井村狮峰山下的胡公庙前，老和尚献上西湖龙井茶中的珍品——狮峰龙井，请乾隆品饮。乾隆饮后顿感清香阵阵，遂亲自采茶，并在匆忙中将所采之茶放入衣袋带回京城。时间一长，茶芽夹扁了，却倍受太后赞赏……乾隆传旨封胡公庙前茶树为御茶，每年炒制成扁形龙井进贡，供太后享用。其实这是一个美丽的传说，一般认为，龙井茶的扁形，是明末清初，受临近的安徽大方茶制作的影响所致。

（五）品龙井茶的讲究

水温方面，应用 75～85℃的水。千万不要用 100℃沸腾中的水，因为龙井茶是没有经过发酵的茶，所以茶叶本身十分嫩。如果用太热的水去冲泡，就会把茶叶烫坏，而且还会把苦涩的味道一并冲泡出来，影响口感。那么怎样控制水温呢？我们当然不会拿支温度计去量，所以最好是先把沸水倒进一个公道杯，然后再倒进茶盅冲泡，这样就轻易地控制了水温。还有一点要记住的，就是要高冲，低倒。因为高冲时可增加水柱接触空气的面积，使冷却的效果更加好。茶泡好，倒出茶汤后，若然不打算立即冲泡，就该把茶盅的盖子打开，不要合上。至于在茶叶分量方面，茶叶刚好把茶盅底遮盖就够了。冲泡的时间是要随冲泡次数而增加。龙井的泡法没有一定的方式，不过享受龙井茶时不仅只是品味其茶汤之美，更可以进一步在冲泡过程中欣赏龙井茶叶旗枪沉浮变化之美。在这里笔者向茶友们介绍三种龙井的冲泡法，或可称之为龙井冲泡趣味。

1. 一弄龙井：上投法。

（1）准备透明玻璃杯（本例杯子大小约 200 毫升），置入适量适温的开水后，投入约 5 克龙井茶叶。

（2）静待龙井茶一片一片下沉，欣赏其慢慢展露婀娜多姿的身态。

（3）茶叶在杯中逐渐伸展，一旗一枪，上下沉浮，汤明色绿，历历在目。

（4）再仔细些欣赏，这真可说是一种艺术享受呢！

（5）虽然已经可以品饮了，但总难舍，再看她一眼。

2. 二弄龙井：中投法。

（1）准备透明玻璃杯（本例杯子大小约200毫升），先置入适温开水约三分之一，投入约5克龙井茶叶，静待茶叶慢慢舒展。

（2）待茶叶舒展后，加满开水。

（3）可以喝了！但还是难舍，容你再多看其几眼。

3. 三弄龙井：下投法。

（1）准备瓷盖杯（本例大小约150毫升），温杯，投入适量龙井茶叶。

（2）加入少许适温开水。

（3）拿起冲泡杯，徐徐摇动使茶叶完全濡湿，并让茶叶自然舒展。

（4）待茶叶稍为舒展后，加入九分满开水。

（5）等待茶叶溶出茶汤。

（6）用杯盖稍微拨动茶汤，使茶叶溶出的茶汤更平均。

（7）倒入小茶杯中品饮。

二、碧螺春

碧螺春属于绿茶类，主产于江苏省苏州市太湖的洞庭山（今苏州吴中区），所以又称"洞庭碧螺春"。太湖水面，水气升腾，雾气悠悠，空气湿润，土壤呈微酸性或酸性，质地疏松，极宜于茶树生长，由于茶树与果树间种，所以碧螺春茶叶具有特殊的花朵香味。洞庭碧螺春茶产于洞庭东、西山的碧螺春茶，芽多、嫩香、汤清、味醇，是我国的十大名茶之一。碧螺春茶已有1000多年历史。民间最早叫"洞庭茶"，又叫"吓煞人香"。相传有一尼姑上山春游，顺手摘了几片茶叶，泡茶后奇香扑鼻，脱口而道"香得吓煞人"，由此当地人便将此茶叫"吓煞人香。"到了清代康熙年间，康熙皇帝视察并品尝了这种汤色碧绿、卷曲如螺的名茶，倍加赞赏，但觉得"吓煞人香"此名不雅，于是题名"碧螺春"。从此碧螺春茶成为年年进贡的贡茶。

碧螺春茶条索紧结，卷曲如螺，白毫毕露，银绿隐翠，叶芽幼嫩，冲泡后茶味徐徐舒展，上下翻飞，茶水银澄碧绿，清香袭人，口味凉甜，鲜爽生津，早在唐末宋初便被列为贡品。电视剧《铁齿铜牙纪晓岚4》中乾隆到柳树沟找梅香姑娘时就是喝的这个茶。

（一）历史溯源

洞庭碧螺春是中国名茶的珍品，以形美、色艳、香浓、味醇"四绝"闻名于中外。碧螺春始于何时，名称由来，说法颇多。据清代《野史大观》（卷一）载："洞庭东山碧螺峰石壁，产野茶数株，土人称曰：'吓煞人香。'康熙己卯……抚臣朱荦购此茶以进……以其名不雅驯，题之曰碧螺春。"

碧螺春茶名之由来，还有一个动人的民间传说。

传说某年，在太湖的洞庭西山上住着一位勤劳、善良的孤女，名叫碧螺。碧螺生得美丽、聪慧，喜欢唱歌，且有一副圆润清亮的嗓子。她的歌声，如行云流水般的优美清脆，山乡里的人都喜欢听她唱歌。而与洞庭西山隔水相望的洞庭东山上，有一位青年渔民，名为阿祥。阿祥为人勇敢、正直，又乐于助人，在洞庭东、西山一带方圆数十里的人们都很敬佩他。而碧螺姑娘那悠扬婉转的歌声，常常飘入正在太湖上打鱼的阿祥耳中，阿祥被碧螺的优美歌声所打动，于是默默地产生了倾慕之情，却无由相见。

在某年的早春里，有一天，太湖里突然跃出一条恶龙，盘踞湖山，强使人们在洞庭西山上为其立庙，且要每年选一少女给其做"太湖夫人"。太湖人民不应其强暴所求，恶龙乃扬言要荡平西山，劫走碧螺。阿祥闻讯怒火中烧，义愤填膺，为保卫洞庭乡邻与碧螺的安全，维护太湖的平静生活，阿祥趁更深夜静之时潜游至西洞庭，手执利器与恶龙交战，连续大战七个昼夜，阿祥与恶龙俱负重伤，倒卧在洞庭之滨。乡邻们赶到湖畔，斩除了恶龙；将已身负重伤，倒在血泊中的降龙英雄——阿祥救回了村里，碧螺为了报答救命之恩，要求把阿祥抬到自己家里，亲自护理，为他疗伤。阿祥因伤势太重，陷入昏迷垂危之中。

一日，碧螺为寻觅草药，来到阿祥与恶龙交战的流血处，发现此处生出了一株小茶树，枝叶繁茂。为纪念阿祥大战恶龙的功绩，碧螺便将这株小茶树移植于洞庭山上并加以精心护理。在清明刚过，那株茶树便吐出了鲜嫩的芽叶，而阿祥的身体却日渐衰弱，汤药不进。碧螺在万分焦虑之中，陡然想到山上那株以阿祥的鲜血育成的茶树，于是她跑上山去，以口衔茶芽，泡了翠绿清香的茶汤，双手捧给阿祥饮尝，阿祥饮后，精神顿爽。碧螺从阿祥那刚毅而苍白的脸上第一次看到了笑容，她的心里充满了喜悦和欣慰。当阿祥问及是从哪里采来的"仙茗"时，碧螺将实情告诉了阿祥。阿祥和碧螺的心里开始憧憬着未来美好的生活。碧螺每天清晨上山，将那饱含晶莹露珠的新茶芽以口衔回，揉搓焙干，泡成香茶，以饮阿祥。阿祥的身体渐渐复原了，可是碧螺却因天天衔茶，以至情相报阿祥，渐渐失去了元气，终于憔悴而死。

阿祥万没想到，自己得救了，却失去了美丽善良的碧螺，悲痛欲绝，遂与众乡邻将碧螺葬于洞庭山上的茶树之下，为告慰碧螺的芳魂，大家就把这株奇异的茶树称为碧螺茶。后人每逢春时采自碧螺茶树上的芽叶而制成的茶叶，其条索纤秀弯曲似螺，色泽嫩绿隐翠，清香幽雅，汤色清澈碧绿；洞庭太湖虽历经沧桑，但那以阿祥的斑斑碧血和碧螺的一片丹心孕育而生的碧螺春茶，却仍是独具幽香妙韵、永惠人间。

（二）茶联、茶诗、茶词

茶联

洞庭碧螺春，茶香百里醉。

洞庭帝子春长恨，二千年来茶更香。

入山无处不飞翠，碧螺春香百里醉。

碧螺春

清·陈康祺

从来隽物有嘉名，物以名传愈自珍。

梅盛每称香雪海，茶尖争说碧螺春。

已知焙制传三地，喜得揄扬到上京。

吓煞人香原夸语，还须早摘趁春分。

碧螺春

清·梁同书

此茶自昔知者稀，精气不关火焙足。

蛾眉十五采摘时，一抹酥胸蒸绿玉。

纤衫不惜春雨干，满盏真成乳花馥。

碧螺春

田汉

更无天堑能防越，何处桃源可避秦？

只愿涛平风定日，扁舟重品碧螺春。

碧螺春

周瘦鹃

及时品茗未为奢，携侣招邀共品茶。

都道狮峰无此味，舌端似放妙莲花。

如梦令

清·吴伟业

镇日莺愁燕懒，遍地落红谁管？

睡起热沉香，小饮碧螺春碗。

帘卷，帘卷，一任柳丝风软。

注：吴伟业是明末清初的著名诗人。此词的发现表明，早在康熙帝赐名（1699年）之前的几十年，碧螺春之名已经在民间流传开来，只不过尚未闻名天下。

（三）制作工艺

1. 杀青。

在平锅内或斜锅内进行，当锅温190～200℃时，投叶500克左右，以抖为主，双手翻炒，做到捞净、抖散、杀匀、杀透、无红梗无红叶、无烟焦叶，历时3～5分钟。

2. 揉捻。

锅温70～75℃，采用抖、炒、揉三种手法交替进行，边抖，边炒，边揉，随着茶叶水分的减少，条索逐渐形成。炒时手握茶叶松紧应适度。太松不利紧条，太紧茶叶溢出，易在锅面上结"锅巴"，产生烟焦味，使茶叶色泽发黑，茶条断碎，茸毛脆落。当茶叶干度达六七成干时，时间 10 分钟左右，继续降低锅温转入搓团显毫过程。历时 12~15 分钟左右。

3. 搓团显毫。

这一过程是形成形状卷曲似螺、茸毫满披的关键过程。锅温 50~60℃，边炒边用双手用力地将全部茶叶揉搓成数个小团，不时抖散，反复多次，搓至条形卷曲，茸毫显露，达八成干左右时，进入烘干过程。历时 13~15 分钟。

4. 烘干。

采用轻揉、轻炒手法，达到固定形状、继续显毫、蒸发水分的目的。当九成干左右时，起锅将茶叶摊放在桑皮纸上，连纸放在锅上文火烘至足干。锅温约 30~40℃，足干叶含水量 7％左右，历时 6~8 分钟。全程为 40 分钟左右。

（四）沏泡方法

水以初沸为上，水沸之后，用沸水烫杯，让茶盅有热气，以先发茶香。因为碧螺春的茶叶带毛，要用沸水初泡，泡后毛从叶上分离，浮在水上，把第一泡茶水倒去，第二泡才是可口的碧螺春，但最好的茶是第三次泡的，到第三泡茶的香味才充分发挥出来。

碧螺春茶茶艺（上投法）：

器皿选择：

玻璃杯 4 只，电随手泡 1 套，木茶盘 1 个，茶荷 1 个，茶道具 1 套，茶池 1 个，茶巾 1 条，香炉 1 个，香 1 支。

基本程序：

1. 点香——焚香通灵
2. 涤器——仙子沐浴
3. 凉水——玉壶含烟
4. 赏茶——碧螺亮相
5. 注水——雨涨秋池
6. 投茶——飞雪沉江
7. 观色——春染碧水
8. 闻香——绿云飘香
9. 品茶——初尝玉液
10. 再品——再啜琼浆
11. 三品——三品醍醐
12. 回味——神游三山

解说词

"洞庭无处不飞翠，碧螺春香万里醉。"烟波浩渺太湖孕育了吴越，太湖洞庭山所产的碧螺春集吴越山水的灵气和精华于一身，是我国历史上的贡茶。新中国成立之后，碧螺春被评为我国的十大名茶之一，现在就请各位嘉宾来品啜这难得的茶中瑰宝，并欣赏碧螺春茶茶艺。这套茶艺共十二道程序。

1. 焚香通灵。

我国茶人认为"茶须静品，香能通灵"。在品茶之前，首先点燃这支香，让我们的心平静下来，以空明虚静之心，去体悟这碧螺春中所蕴含的大自然的信息。

2. 仙子沐浴。

今天我们选用玻璃杯来泡茶。晶莹剔透的杯好比是冰清玉洁的仙子，"仙子沐浴"即再清洗一次茶杯，以表示我对各位的崇敬之心。

3. 玉壶含烟。

冲泡碧螺春只能用80℃左右的开水，在烫洗了茶杯之后，我们不用盖上壶盖，而是敞着壶，让壶中的开水随着水汽的蒸发而自然降温。请看这壶口蒸汽氤氲，所以这道程序称为"玉壶含烟"。

4. 碧螺亮相。

"碧螺亮相"即请大家传着鉴赏干茶。碧螺春有"四绝"——形美、色艳、香浓、味醇，赏茶是欣赏它的第一绝："形美"。生产一斤特级碧螺春约需采摘七万个嫩芽，你看它条索纤细、卷曲成螺、满身披毫、银白隐翠，多像民间故事中娇巧可爱且羞答答的田螺姑娘。

5. 雨涨秋池。

唐代李商隐的名句"巴山夜雨涨秋池"是个很美的意境，"雨涨秋池"即向玻璃杯中注水，水只宜注到七分满，留下三分装情。

6. 飞雪沉江。

"飞雪沉江"即用茶导将茶荷里的碧螺春依次拨到已冲了水的玻璃杯中去。满身披毫、银白隐翠的碧螺春如雪花纷纷扬扬飘落到杯中，吸收水分后即向下沉，瞬时间白云翻滚，雪花翻飞，然是好看。

7. 春染碧水。

碧螺春沉入水中后，杯中的热水溶解了茶里的营养物质，逐渐变为绿色，整个茶杯好像盛满了春天的气息。

8. 绿云飘香。

碧绿的茶芽，碧绿的茶水，在杯中如绿云翻滚，氤氲的蒸汽使得茶香四溢，清香袭人。这道程序是闻香。

9. 初尝玉液。

品饮碧螺春应趁热连续细品。头一口如尝玄玉之膏、云华之液，感到色淡、香幽、汤味鲜雅。

10. 再啜琼浆。

这是品第二口茶。二啜感到茶汤更绿、茶香更浓、滋味更醇，并开始感到了舌尖回甘，满口生津。

11. 三品醍醐。

醍醐直释是奶酪。在佛教典籍中用醍醐来形容最玄妙的"法味"。品第三口茶时，我们所品到的已不再是茶，而是在品太湖春天的气息，在品洞庭山盎然的生机，在品人生的百味。

12. 神游三山。

古人讲茶要静品、慢品、细品。唐代诗人卢仝在品了七道茶之后写下了传颂千古的《茶歌》，他说："五碗肌骨清，六碗通仙灵，七碗吃不得也，唯觉两腋习习清风生。"在品了三口茶之后，请各位嘉宾继续慢慢地自斟细品，静心去体会七碗茶之后"清风生两腋，飘然几欲仙。神游三山去，何似在人间"的绝妙感受。

第五节　普洱茶

在普洱的起源地——云南，有"爷爷的茶，孙子卖"的俗语。普洱茶是用优良品种云南大叶种的鲜叶制成，也叫作"普洱散茶"。其外形条索粗壮肥大，普洱熟茶色泽乌润或褐红，滋味醇厚回甘，具有独特的陈香味儿，有"美容茶""减肥茶"之声誉。

一、普洱分类

（一）依制法分类

生茶：采摘后以自然方式发酵，茶性较刺激，放多年后茶性会转温和，好的老普洱通常是采用此种制法。

熟茶：以科学方法人为发酵使茶性温和，让茶水达到软水好喝。以 1973 年后为分界点，1973 年之前没有熟茶。

生茶所冲泡出来的水是青绿色，熟茶冲泡出来的水才是金红色。

（二）依存放方式分类

干仓普洱：指存放于通风、干燥及清洁的仓库，使茶叶自然发酵，陈化 10～20 年为佳。

湿仓普洱：通常放置于较潮湿的地方，如地下室、地窖，以加快其发酵速度。由于茶叶内含物破坏较多，常有泥味或霉味。湿仓普洱陈化速度虽较干仓普洱快，但容易产生霉变，对人体健康不利，所以我们不主张销售及饮用湿仓普洱。

二、冲饮技巧

1. 投茶量：冲泡普洱茶时，投茶量的大小与饮茶习惯、冲泡方法、茶叶的个性有着密切的关系。就饮茶习惯而言，港台地区、福建、两广等地习惯饮酽茶；云南也以浓饮为主，只是投茶量略低于前者；江浙、北方喜欢淡饮。就云南人的饮茶习惯而言，采用留根闷泡法时，冲泡品质正常的茶叶，投茶量与水的质量比一般 1：40 或 1：45。对于其他地区的消费者，可以此为参照，通过增减投茶量来调节茶汤的浓度。如果采用

"工夫"泡法，投茶量可适当增加，通过控制冲泡节奏的快慢来调节茶汤的浓度。就茶性而言，投茶量的多少也有变化。例如，熟茶、陈茶可适当增加，生茶、新茶适当减少，等等。切忌一成不变。

2. 泡茶水温：水温的掌握，对茶性的展现有着重要的作用。高温有利于发散香味，有利于茶味的快速浸出。但高温也容易冲出苦涩味，容易烫伤一部分高档茶。确定水温的高低，一定要因茶而异。例如，用料较粗的饼砖茶、紧茶和陈茶等适宜沸水冲泡，用料较嫩的高档芽茶（如较新的宫廷普洱）、高档青饼适宜适当降温冲泡。避免高温将细嫩茶烫熟成为"菜茶"。

云南大部分地区属于高原，沸水温度低于沿海、平原地区。如昆明的沸水温度在94℃左右，适合直接冲泡绝大多数熟茶。对于青茶，除部分高档茶外，大部分也可直接用沸水冲泡。在冲泡部分高档新青茶时，除直接降温外，还可通过不加壶盖或沸水高冲来降低水温，避免因茶叶烫熟而产生"水闷气"。

3. 冲泡时间：冲泡时间长短的控制，目的是为了让茶叶的香气、滋味展现充分准确。如前所述，由于云南普洱茶的制作工艺和原料选择的特殊性，决定了冲泡的方式方法和冲泡时间的长短。冲泡时间的掌握，就规律而言：陈茶、粗茶冲泡时间长，新茶、细嫩茶冲泡时间短；手工揉捻茶冲泡时间长，机械揉捻茶冲泡时间短；紧压茶冲泡时间长，散茶冲泡时间短。具体掌握时，要根据茶叶的特性决定。例如，用350毫升紫砂壶"宽壶留根闷泡法"冲泡20世纪80年代生产的中档七子熟饼"7572"（勐海产）时，投茶量6～8克，经"洗茶"后注入沸水，闷泡5分钟后，倾出二分之一即可饮用。用同一方法冲泡同时期的中档青饼时，投茶5～7克，经"洗茶"后注入沸水，闷泡5分钟左右即可饮用。如用此法冲泡"民国"时期的紧茶时，投茶量适当增加，闷泡时间可延长到5～7分钟。对一些苦涩味偏重的新茶，冲泡时要控制好投茶量，缩短冲泡时间，以改善滋味。

4. 关于"洗茶"："洗茶"这一概念出现于明代。《茶谱》（成书于明朝）载："凡烹茶，先以热汤洗茶叶，去其尘垢、冷气，烹之则美。"对于普洱茶，"洗茶"这一过程必不可少。这是因为，大多数普洱茶都是隔年甚至数年后饮用的，储藏越久，越容易沉积脱落的茶粉和尘埃，通过"洗茶"可以达到"涤尘润茶"的目的。对于品质比较好的普洱茶，"洗茶"时注意掌握节奏，杜绝多次"洗茶"或高温长时间"洗茶"，减少茶味流失。

三、收藏价值

普洱茶以其独特的品位和保健功效倏然成为茶叶市场的新宠，又被誉为"能喝的古董"，其收藏和保健价值甚至超过了饮用本身。一时间，普洱茶不仅仅是茶叶的一个品种，而更成为收藏理财的一种可能。市场上根据市地、年份的不同，普洱茶的价格从几十元到数百上千元的都有。在收藏界中，普洱茶更有令人咋舌的天价。

第六节　茉莉花茶

茉莉花茶是将茶叶和茉莉鲜花进行拼和、窨制，使茶叶吸收花香而成的，茶香与茉莉花香相互融合，"窨得茉莉无上味，列作人间第一香"。茉莉花茶使用的茶叶称茶胚，多数以绿茶为多，少数也有红茶和乌龙茶。

一、选购窍门

（一）观其形

选购茉莉花茶，最直观的莫属看了。一般上等茉莉花茶所选用毛茶嫩度较好，以嫩芽者为佳，以福建花茶为例：条形长而饱满、白毫多、无叶者为上，次之为一芽一叶、二叶或嫩芽多，芽毫显露。越是往下，芽越少，叶居多，以此类推。低档茶叶则以叶为主，几乎无嫩芽或根本无芽。

（二）闻其香

看完条形还不够，因为茉莉花茶不仅是条形好看就可以的，还有一点也是饮茶者喜欢它最重要的原因——茉莉花香。好的花茶，其茶叶之中散发出的香气应浓而不冲、香而持久，清香扑鼻，闻之无丝毫异味。

（三）饮其汤

购买时如若条件允许，可坐下来品尝一下，冲泡能使茉莉花茶的品质得以充分展示，毕竟其作为商品的最主要用途是饮用。观其汤色，闻其香气，品其滋味方能知其品质。香气浓郁、口感柔和、不苦不涩、没有异味者为最佳。

二、茉莉花茶传说

茉莉花茶传说是很早以前北京茶商陈古秋所创制。陈古秋为什么想出把茉莉花加到茶叶中去呢？其中还有个小故事。有一年冬天，陈古秋邀来一位品茶大师，研究北方人喜欢喝什么茶，正在品茶评论之时，陈古秋忽然想起有位南方姑娘曾送给他一包茶叶未品尝过，便寻出那包茶，请大师品尝。冲泡时，碗盖一打开，先是异香扑鼻，接着在冉冉升起的热气中，看见有一位美貌姑娘，两手捧着一束茉莉花，一会工夫又变成了一团热气。陈古秋不解就问大师，大师笑着说："陈老弟，你做下好事啦，这乃茶中绝品'报恩仙'，过去只听说过，今日才亲眼所见，这茶是谁送你的？"陈古秋就讲了三年前去南方购茶住客店遇见一位孤苦伶仃少女的经历，那少女诉说家中停放着父亲尸身，无钱殡葬，陈古秋深为同情，便取了一些银子给她，并请邻居帮助她搬到亲戚家去。三年过去，今春又去南方时，客店老板转交给他这一小包茶叶，说是三年前那位少女交送的。当时未冲泡，谁料是珍品，大师说："这茶是珍品，是绝品，制这种茶要耗尽人的精力，这姑娘可能你再也见不到了。"陈古秋说当时问过客店老板，老板说那姑娘已死

去一年多了。两人感叹一会，大师忽然说："为什么她独独捧着茉莉花呢？"两人又重复冲泡了一遍，那手捧茉莉花的姑娘又再次出现。陈古秋一边品茶一边悟道："依我之见，这是茶仙提示，茉莉花可以入茶。"次年便将茉莉花加到茶中，果然制出了芬芳诱人的茉莉花茶，深受北方人喜爱，从此便有了一种新的茶叶品种茉莉花茶。

三、饮泡方法及冲泡程序

（一）备具

一般品饮茉莉花茶的茶具，选用的是白色的有盖瓷杯，或盖碗（配有茶碗、碗盖和茶托），如冲泡特种工艺造型茉莉花茶和高级茉莉花茶，为提高艺术欣赏价值，应采用透明玻璃杯。

（二）烫盏

烫盏就是将茶盏置于茶盘，用沸水高冲茶盏、茶托，再将盖浸入盛沸水的茶盏转动，而后去水。这个过程的主要目的在于清洁茶具。

（三）置茶

用茶匙轻轻将茉莉花茶从贮茶罐中取出，按需分别置入茶盏。用量结合各人的口味按需增减。

（四）冲泡

冲泡茉莉花茶时，头泡应低注，冲泡壶口紧靠茶杯，直接注于茶叶上，使香味缓缓浸出；二泡采用中斟，壶口稍离杯口注入沸水，使茶水交融；三泡采用高冲，壶口离茶杯口稍远冲入沸水，使茶叶翻滚，茶汤回荡，花香飘溢……一般冲水至八分满为止，冲后立即加盖，以保茶香。

（五）闻香

茉莉花茶经冲泡静置片刻后，即可提起茶盏，揭开杯盖一侧，用鼻闻香，顿觉芬芳扑鼻而来。有兴趣者，还可凑着香气做深呼吸状，以充分领略香气给人带来的愉悦之感，人称"鼻品"。

（六）品饮

经闻香后，待茶汤稍凉适口时，小口喝入，并将茶汤在口中稍作停留，以口吸气、鼻呼气相配合的动作，使茶汤在舌面上往返流动12次，充分与味蕾接触，品尝茶叶和香气后再咽下，这叫"口品"。所以民间对饮茉莉花茶有"一口为喝，三口为品"之说。

（七）欣赏

特种工艺造型茉莉花茶和高级茉莉花茶泡在玻璃杯中，在品其香气和滋味的同时可欣赏其在杯中优美的舞姿，或上下沉浮、翩翩起舞，或如春笋出土、银枪林立，或如菊花绽放，令人心旷神怡。

第七节　红茶

一、特质及出口地区

红茶英文为 Black tea。红茶在加工过程中发生了以茶多酚酶促氧化为中心的化学反应，鲜叶中的化学成分变化较大，茶多酚减少 90％ 以上，产生了茶黄素、茶红素等新成分。香气物质比鲜叶明显增加。所以红茶具有红茶、红汤、红叶和香甜味醇的特征。我国红茶品种以祁门红茶最为著名，为我国第二大茶类，出口量占我国茶叶总产量的 50％ 左右，客户遍布 60 多个国家和地区。其中销量最多的是埃及、苏丹、黎巴嫩、叙利亚、伊拉克、巴基斯坦、英国及爱尔兰、加拿大、智利、德国、荷兰及东欧各国。红茶属全发酵茶，是以适宜的茶树新芽叶为原料，经萎凋、揉捻（切）、发酵、干燥等一系列工艺过程精制而成的茶。萎凋是红茶初制的重要工艺，红茶在初制时称为"乌茶"。红茶因其干茶冲泡后的茶汤和叶底色呈红色而得名。

二、名茶

（一）名茶之祁门工夫

祁门工夫红茶，是我国传统工夫红茶的珍品，有百余年的生产历史。主产于安徽省祁门县，与其毗邻的石台、东至、黟（yī）县及贵池等县也有少量生产。常年产量 5 万担左右。祁红工夫以外形苗秀，色有"宝光"和香气浓郁而著称，在国内外享有盛誉。

祁红工夫茶条索紧秀，锋苗好，色泽乌黑泛灰光，俗称"宝光"，内质香气浓郁高长，似蜜糖香，又蕴藏有兰花香，汤色红艳，滋味醇厚，回味隽永，叶底嫩软红亮。祁门红茶品质超群，被誉为"群芳最"，这与祁门地区的自然生态环境条件优越是分不开的。占全县茶园总面积的 65％ 左右的这些茶园，土地肥沃，腐殖质含量较高，早晚温差大，常有云雾缭绕，且日照时间较短，构成茶树生长的天然佳境，酿成"祁红"特殊的芳香厚味。

采制工艺：祁红于每年的清明前后至谷雨前开园采摘，现采现制，以保持鲜叶的有效成分。鲜叶按质分级验收。特级祁红以一芽一叶及一芽二叶为主。其制作分初制、精制两大过程。初制包括萎凋、揉捻、发酵、烘干等工序；精制则将长、短、粗、细、轻、重、直、曲不一的毛茶，经筛分，整形，审评提选，分级归堆，为了提高干度，保持品质，便于贮藏和进一步发挥茶香，再行复火、拼配，成为形质兼优的成品茶。

祁门红茶独具的特色：外形条索紧细秀长，金黄芽毫显露，锋苗秀丽，色泽乌润；汤色红艳明亮，叶底鲜红明亮；香气芬芳，馥郁持久，似苹果与兰花香味，在国际市场上被誉为"祁门香"。如加入牛奶、食糖调饮，亦颇可口，茶汤呈粉红色，香味不减，不仅含有多种营养成分，并且有药理疗效。

祁门红茶从 1875 年问世以来，为我国传统的出口珍品，久已享誉国际市场。1915

年获巴拿马万国博览会金质奖章。1980年、1985年、1990年由祁门茶厂生产的特级、一级、二级祁红连续三次获国家优质食品金质奖。祁门红茶1986年被商业部评为全国优质名茶，1987年又获第二十六届世界优质食品金质奖章，1992年获中国旅游新产品"天马金奖"。1993年祁门红茶被国家旅游局评为国家级指定产品，祁门茶厂被评为国家旅游产品定点生产企业。祁门红茶在国际市场上与印度大吉岭、斯里兰卡乌伐红茶齐名，并称为世界三大高香名茶。祁门红茶已出口英、北欧、德、美、加拿大以及东南亚各国等50多个国家和地区。

（二）名茶之滇红工夫

滇红工夫茶，属大叶种类型的工夫茶，主产云南的临沧、保山等地，是我国工夫红茶的后起之秀，以外形肥硕紧实、金毫显露和香高味浓的品质独树一帜。滇红工夫外形条索紧结，肥硕雄壮，干茶色泽乌润，金毫特显，内质汤色艳亮，香气鲜郁高长，滋味浓厚鲜爽，富有刺激性。叶底红匀嫩亮，在国内独具一格，是举世欢迎的工夫红茶。

滇红工夫因采制时期不同，其品质具有季节性变化，一般春茶比夏、秋茶好。春茶条索肥硕，身骨重实，净度好，叶底嫩匀。夏茶正值雨季，芽叶生长快，节间长，虽芽毫显露，但净度较低，叶底稍显硬、杂。秋茶正处干凉季节，茶树生长代谢作用转弱，成茶身骨轻，净度低，嫩度不及春、夏茶。滇红工夫茸毫显露为其品质特点之一。其毫色可分淡黄、菊黄、金黄等类。凤庆、云县、昌宁等地工夫茶，毫色多呈菊黄，勐海、双江、临沧、普文等地工夫茶，毫色多呈金黄。同一茶园春季采制的一般毫色较浅，多呈淡黄，夏茶毫色多呈菊黄，唯秋茶多呈金黄色。

滇红工夫内质香郁味浓。香气以滇西茶区的云县、凤庆、昌宁为好，尤其是云县部分地区所产的工夫茶，香气高长，且带有花香。滇南茶区工夫茶滋味浓厚，刺激性较强；滇西茶区工夫茶滋味醇厚，刺激性稍弱，但回味鲜爽。

（三）名茶之闽红工夫

闽红工夫茶系政和工夫、坦洋工夫和白琳工夫的统称，均系福建特产。三种工夫茶产地不同、品种不同、品质风格不同，但各自拥有自己的消费爱好者，盛兴百年而不衰。下面介绍前两种。

（1）名茶之政和工夫。

政和工夫按品种分为大茶、小茶两种。大茶系采用政和大白茶制成，是闽红三大工夫茶的上品，外形条索紧结肥壮多毫，色泽乌润，内质汤色红浓，香气高而鲜甜，滋味浓厚，叶底肥壮尚红。小茶系用小叶种制成，条索细紧，香似祁红，但欠持久，汤稍浅，味醇和，叶底红匀。政和工夫以大茶为主体，扬其毫多味浓之优点，又适当拼以高香之小茶，因此高级政和工夫特别体态匀称，毫心显露，香味俱佳。百年的政和工夫，一经问世，即享盛名。19世纪中叶，产量达万余担。后因战事摧残，茶园荒芜，至1949年年产仅900余担。此后，着力恢复传统品质风格，产量质量均有回升。20世纪60年代后，因改制绿茶，仅保持少量生产，年产约800担。

（2）名茶之坦洋工夫。

坦洋工夫分布较广，主产于福安、柘荣、寿宁、周宁、霞浦及屏南北部等地。

坦洋工夫源于福安境内白云山麓的坦洋村，相传清咸丰、同治年间（1851—1874），坦洋村有胡福四（又名胡进四）者，试制红茶成功，经广州运销西欧，很受欢迎。此后茶商纷纷入山求市，并设洋行，周围各县茶叶亦渐云集坦洋。坦洋工夫名声也就不胫而走，自光绪六年（1881）至民国25年（1936）的50余年，坦洋工夫每年出口均上万担，其中1898年出口3万余组。坦洋街长一公里，设茶行达36家，雇工3000余人，产量2万余担。收条范围上至政和县的新村，下至霞浦县的赤岭，方圆数百里，境跨七八个县，成为福安的主要红茶产区。其远销荷兰、英国、日本、东南亚各国等20余个国家和地区，每年收外汇茶银百余万元。当时民谚云："国家大兴，茶换黄金，船泊龙凤桥，白银用斗量。"在1915年，坦洋工夫与国酒"茅台"同台摘得巴拿马万国博览会金奖。后因抗日战争爆发，销路受阻，生产亦遭严重破坏，坦洋工夫产量锐减。20世纪50年代中期，为了恢复和提高坦洋工夫红茶的产量和品质，先后建立了国营坦洋、水门红茶初制厂和福安茶厂，实行机械化制茶，引进并繁殖福鼎大白茶、福安大白茶、福云等优良茶树品种，1960年产量增加到5万担，创历史最高水平。后因茶类布局的变更，由"红"改"绿"，坦洋工夫尚存无几。后经有关部门的努力，坦洋工夫又有所恢复和发展，1988年产量达8000余担。2013年，新坦洋茶业集团代表坦洋工夫再次荣获巴拿马国际博览会金奖。

（四）名茶之马边工夫

马边工夫为红茶新贵，由四川马边金星茶厂创制。该茶选用海拔1200~1500米的四川小叶种为原料，结合各地工夫红茶工艺精制而成。

（五）名茶之川红工夫

川红工夫产于四川省宜宾等地，是20世纪50年代产生的工夫红茶。四川省是我国茶树发源地之一，茶叶生产历史悠久。四川地势北高南低，东部形成盆地，秦岭、大巴山挡住北来寒流，东南向的海洋季风可直达盆地各隅。该地年降雨量1000~1300毫米，气候温和，年均气温17~18℃，极端最低气温不低于−4℃，最冷的1月份，其平均气温较同纬度的长江中下游地区高2~4℃，茶园土壤多为山地黄泥及紫色砂土。

川红工夫外形条索肥壮圆紧、显金毫，色泽乌黑油润，内质香气清鲜带枯糖香，滋味醇厚鲜爽，汤色浓亮，叶底厚软红匀。川红问世以来，在国际市场上享有较高声誉，多年来畅销苏联、法国、英国、德国及罗马尼亚等国，堪称中国工夫红茶的后起之秀。

（六）名茶之正山小种

正山小种红茶，是世界红茶的鼻祖。它又称拉普山小种，是中国生产的一种红茶，茶叶用松针或松柴熏制而成，有着非常浓烈的香味。因为熏制的原因，茶叶呈黑色，但茶汤为深红色。正山小种产地在福建省武夷山市，受原产地保护。正山小种红茶是最古老的一种红茶，后来在正山小种的基础上发展了工夫红茶。

历史上，正山小种红茶最辉煌的年代在清朝中期。据史料记载，嘉庆前期，中国出口的红茶中有85%冠以正山小种红茶的名义，鸦片战争后，正山小种红茶对贸易顺差的贡献作用依然显著。在正山小种红茶享誉海外的同时，福建的宁德、安徽的祁门等地也开始学习正山小种红茶的种植加工技术，正山小种红茶的加工技艺也逐渐地传入国内

各大绿茶、乌龙茶、普洱茶产区，最终形成了如今闻名全国的工夫红茶。

课后思考题

1. 如何鉴别茶叶的真伪？
2. 简述盖碗茶的冲泡程序。
3. 请写出福建工夫茶的表演程序。

实训　泡茶基本技法训练

实训目的

1. 通过本项目的实训，使学生了解行茶过程中手法的重要性。

2. 让学生掌握茶巾折叠与使用技巧技法、捧与端的手法、拿茶壶茶盅手法、翻杯手法、温润杯具手法。

3. 规范行茶动作，增加行茶过程的美感，培养学生美的感悟能力。

实训场地与器具

茶艺实训室、茶艺桌、椅子、茶巾、茶叶罐、茶匙组合、茶壶、茶盅、玻璃杯、盖碗、品茗杯、闻香杯等。

实训要求

呼吸自然，调息静气；手腕灵活，肌肉张弛协调，动作规范、协调自然；姿态端庄，表情自然。

实训内容与操作标准

1. 茶巾折叠与使用技巧。

（1）长方形茶巾折叠法。

技法要领：八叠式。

折叠方法：

①将长方形茶巾反面呈上平放于茶台上。

②将茶巾上下两边，分别在1/4处向中间对折。

③将茶巾左右两侧，分别在1/4处再向中间对折。

④将两面重合对折，形成八叠式茶巾。

（2）正方形茶巾折叠法。

技法要领：九叠式。

折叠方法：

①将正方形茶巾反面呈上平放于茶台上。

②将茶巾底边在 1/3 处向上折叠，同理将茶巾上边向下折叠。

③将茶巾左右两侧，分别在 1/3 处向内折叠。折叠后形成九叠式茶巾。

（3）茶巾拿取与使用。

技法要领：夹拿、转腕、呈托。

方法与步骤：

①双手手背向上，张开虎口，拇指与另四指夹拿茶巾，双手呈八字形拿取。

②两手夹拿茶巾后同时向外侧转腕，使原来手背向上转腕手心向上，顺势将茶巾斜放在左手掌呈托拿状，右手握住开水壶把。

③右手握提开水壶并将壶底托在左手的茶巾上，以防冲泡过程中出现滴洒。

2. 捧与端的手法。

技法要领：亮相手势，转动手腕。

准备姿势：双手姿势为两手虎口自然相握，右手在上，左手在下，收于胸前。

（1）捧法。

①将交叉相握的双手拉开，虎口相对；双手向内向下转动手腕，各打一圆使垂直向下的双手掌转成手心向下。

②继续转动手腕，使两手慢慢相合；两手捧起筒状物；将捧起物品端至自己的胸前；双手像推磨似的（弧状平推）将捧起的物品移向欲安放的位置。

（2）端法。

①将交叉相握的双手拉开，虎口相对；向内转动手腕，两手相对，指尖向上，手指向掌心屈伸成弧形。

②继续向内旋转手腕，两拇指尖相对，另四指向掌心屈伸成弧形。

③继续向内旋转手腕，使拇指尖转向下，另四指向掌心屈伸成弧形；继续向内旋转手腕，使两手心相对并接近端取物；将物品端起，安放到该放的位置；动作完成后，双手合拢做亮相动作。

3. 茶壶、茶盅拿法。

技法要领：侧提、握提、托提。

基本步骤：

（1）小型侧提壶法。中指、拇指握壶把，食指压壶盖，其余手指自然弯曲。

（2）中型侧提壶法。拇指压壶盖边，食指、中指握壶把，其余手指自然弯曲。如果是大型侧提壶，右手拇指压壶把，方向与壶嘴同向，食指、中指握壶把，左手食指、中指并拢压盖顶，其余手指自然弯曲。

（3）提梁壶托提法。掌心向上，拇指在上，四指提壶。

（4）提梁壶握提法。握壶右上角，拇指在上，四指并拢握下。

（5）飞天壶拿法。四指并拢握提壶把，拇指向下压壶盖顶，以防壶盖脱落。

（6）公道杯拿法。如中型侧提壶右手握壶方式，只是拇指方向向外垂直握盅把。

（7）无把盅拿法。食指下压盅盖顶部，其余四指盅边沿部位。

（8）无盖盅拿法。除小指外，均提拿盅边缘部位。

4. 翻杯手法。

技法要领：双手交叉，捧杯底侧。

基本步骤：

（1）无把杯。双手交叉捧住杯底部侧部（右手前，左手后）；双手向右转动手腕，翻转杯子；双手捧住杯底侧轻放茶托或茶盘上。

（2）有把杯。右手食指插入杯柄，左手捧住杯侧壁；双手向外转动手腕，将杯翻正轻放于茶托上。

（3）品茗杯与闻香杯。双手交叉捧住品茗杯底侧壁；双手向右转动手腕，翻转杯子；双手捧杯轻放在茶托或茶盘上。同样手法翻闻香杯。

5. 温杯、温具手法。

技法要领：手腕逆时针回转，水均匀润过杯壁。

基本步骤：

（1）润玻璃杯。单手逆时针回旋冲水入杯约 1/4 杯，或双手（右手提壶，左手茶巾托壶底）逆时针回旋冲水入杯约 1/4 杯，右手握杯，左手平托端杯；双手手腕逆时针旋转，先向内方旋转，再向右、向外、向左方向旋转，使杯中之水得以充分润杯；或双手向前或向后搓动，使杯中之水边润洗内壁边弃于水盂；双手反向搓动将杯捧起，放回茶盘或茶托上。

（2）温盖碗。将盖碗之盖反斜放在茶碗上，单手或双手持壶，手腕回旋从碗盖上冲水入碗；右手从匙筒中取茶针；用茶针向外拨动内侧碗盖；左手拇指、食指、中指捏住钮盖；盖毕，将茶针抽出，插如匙筒中；右手撑开虎口，用食指抵住盖钮，拇指、中指夹住碗沿将碗提起；手腕转动，逆时针方向回旋，向内、向右、向外、向左依次进行；然后左手拿起杯托；右手握茶碗将水注在杯托上冲洗杯托；再将杯托放回茶盘，茶碗放在杯托上。

（3）温品茗杯及闻香杯。品茗杯或闻香杯放在茶盘上，将开水冲入杯中；或者将品茗杯、闻香杯放入容器中，冲水入内。左手握拳或手指合拢搭在桌沿，右手从箸匙筒中取出茶夹；用茶夹夹住杯沿一侧；逆时针转动手腕，使水在杯中转动，然后弃去杯中水，旋转手腕顺提杯子置于茶盘上。

达标测试

达标测试表

班级：　　　　　组别：　　　　　学号：　　　　　姓名：

序号	测试内容	配分标准	应得分	扣分	实得分
1	茶巾折叠与使用技巧	手法正确，动作规范	20		
2	端与捧手法	手法正确，动作规范	20		
3	茶壶、茶盅拿法	手法正确，动作规范	20		
4	翻杯手法	手法正确，动作规范	20		

序号	测试内容	配分标准	应得分	扣分	实得分
5	温杯、温具手法	手法正确，动作规范	20		
	合　计		100		

实训　普洱茶茶艺

实训目的

1. 通过本项目的实训，使学生掌握普洱生茶瓷盖碗冲泡法和普洱熟茶壶泡法的基本程序。

2. 让学生学会根据普洱茶的陈期、品质来选择茶具和冲泡方法，掌握普洱茶冲泡的操作规范和技艺。

实训场地与器具

茶艺实训室、青花瓷或粉彩瓷盖碗 1 个、瓷质品茗杯 4 个、紫砂壶 1 个、玻璃品茗杯 4 个、茶匙组合 1 套、普洱生饼（或砖、沱）1 个、茶叶罐 1 个、普洱熟茶散茶适量、茶荷 1 个、随手泡 1 套、样茶盘 1 个、茶盘 1 个、茶巾 1 条、玻璃茶海 1 个、汤滤及支架 1 套、茶刀 1 把。

实训要求

掌握盖碗泡法和壶泡法规范的操作流程及正确的动作要领，能根据茶叶品质正确洗茶，投茶量和浸润时间适当，动作舒展大方。

实训时间

2 学时。

实训方法

1. 教师讲解示范。

2. 学生分组练习。

实训内容与操作标准

1. 普洱生茶瓷盖碗冲泡法。

（1）列具。

将煮水器、粉彩瓷盖碗、公道杯（茶海）、汤滤、粉彩白瓷品茗杯、茶荷、茶刀、茶匙组合、茶巾在茶桌或茶盘上相应位置摆放好。

（2）煮水。

将水煮至二沸。

（3）赏茶。

请宾客欣赏备泡茶饼并简要介绍其产地、品质特点。

（4）解茶。

用茶刀轻轻松解茶饼。

（5）温杯。

用沸腾的水将盖碗（三才杯）、品茗杯等器具一一温润清洗。

（6）投茶。

将适量解好的茶用茶匙轻轻拨入粉彩瓷盖碗中。

（7）洗茶。

用少量沸水将茶轻轻一洗，马上将水倒出。

（8）冲泡。

用回旋斟水法将水冲入瓯杯，使茶叶在瓯中旋转。

（9）斟茶。

将茶汤斟到茶海中，再均分到品茗杯中，

（10）奉茶。

各位宾客奉上茶汤。

（11）品茶——闻香品韵。

闻香气，细分是荷香、樟香还是兰香、枣香或是其他香型。品茶汤是否醇厚、滑爽、顺柔、回甘、有活力。

（12）收具。

将茶具收回清洗。

2. 普洱熟茶紫砂壶泡法。

（1）备具。

把煮水器、紫砂壶、玻璃公道杯、汤滤、玻璃品茗杯、茶匙组合、茶叶罐、茶荷、茶巾在茶桌的相应位置摆放好。

（2）煮水。

将水烧开。

（3）烫壶。

烫洗茶壶。

（4）温盅。

将紫砂壶中的水注入茶海，温洗茶海。

（5）洗杯。

将茶海中的水分入品茗杯中，从左到右将品茗杯逐一清洗。

（6）取茶赏茶。

用茶则将普洱散茶从茶叶罐取出，放于茶荷中。将茶荷中盛放着的茶叶让客人欣赏，并简要介绍其产地和品质特点。

（7）投茶。

将茶漏放在壶口上，用茶匙将普洱茶轻轻拨入茶壶中。

（8）洗茶。

洗茶，将沸水注入壶中，摇壶后，将水快速倒出。揭开壶盖闻香，如果香气还不纯，再洗一遍。

（9）冲泡。

采用高冲法进行冲泡。

（10）淋壶。

将开水浇淋紫砂壶外壁。

（11）摇壶刮水。

将紫砂壶轻轻摇晃几下，使壶上的水珠滴落，并将紫砂壶在茶盘上轻刮一圈，除去外壁上的水痕。

（12）斟茶。

把茶汤斟入公道杯中。

（13）观赏汤色。

拿起公道杯，让客人观赏玻璃公道杯中红浓明亮的茶汤。

（14）分茶。

将茶海中的茶汤均匀地分入品茗杯中。

（15）奉茶。

把分好的茶敬给客人。

（16）闻香品味。

闻一闻，陈香浓郁；品一品，滋味醇和爽滑回甘，齿颊生津，陈韵悠然。

（17）谢茶收具。

当客人品完茶后，把茶具收回茶盘，撤回。然后进行清洗。

达标测试

达标测试表

班级： 组别： 学号： 姓名：

序号	测试内容	评分标准	应得分	扣分	实得分
1	布具	物品与茶相应，齐全，摆放得当，美观，便于操作	10		
2	赏茶解茶	动作规范，舒展大方，解茶不伤茶身	10		
3	烫壶润杯	动作规范熟练，舒展大方	10		
4	洗茶冲泡	能根据茶叶品质掌握洗茶的轻重，动作规范	30		
5	茶品介绍	能准确地介绍茶叶的产地、品质特点，语言简练	10		
6	奉茶品茶	动作符合规范，礼仪周全，能辨别茶叶品质	10		
7	茶叶品质	泡出的茶汤能充分展现茶品的品质	10		
8	姿态、礼仪	姿态优美，礼仪周全，符合规范	10		
合　　计			100		

实训　绿茶茶艺（玻璃杯泡法）

实训目的

1. 通过本项目的实训，使学生掌握绿茶的玻璃杯冲泡法的基本技能。

2. 让学生掌握不同嫩度绿茶的投茶方法。

实训场地与器具

茶艺实训室、茶艺桌（或长方形茶盘）1个、茶巾1条、茶叶罐1个、茶匙组合1套、玻璃杯数只（因人数而定）、茶荷1个、随手泡1套、备泡茶叶3种（适合上投法、中投法、下投法的茶叶各1种）。

实训要求

掌握润杯、摇香手法，熟练运用玻璃杯上投法、中投法、下投茶法以及回旋斟水、凤凰三点头、高冲泡等技法。掌握玻璃杯泡法规范的操作流程及正确的动作要领。

实训时间

2学时。

实训方法

1. 教师讲解示范。

2. 学生分组练习。

实训内容与操作标准

根据冲泡茶叶的种类、品质，采用不同的投茶方法和冲泡方法。

投茶时左手拿茶荷，右手用茶匙将茶荷中的茶叶分成每杯的用茶量，用茶匙将茶叶轻轻拨入茶杯中。

碧螺春：采用上投法，先将高冲法将开水斟入杯中至七分满，再将茶叶投入杯中。

香归银毫：采用中投法，先斟1/3杯的水，再投茶，或先投茶，再冲1/3杯的水；从左至右依次端起玻璃杯回转三圈进行摇香，摇香后可供宾客闻香；润茶2~3分钟后，再用凤凰三点头的技法高冲注水，将水加到七分满。

太华茶：采用下投法，先将茶投入杯中，再用高冲法一次性冲水至七分满，使茶叶在杯中上下翻滚，以有助于茶叶内含物质的溶出，使茶汤浓度上下一致。

1. 奉茶。

客人围着茶艺桌而坐时，按正面、左面、右面奉茶的方法进行奉茶。客人不是围着茶艺桌而坐时，要将茶杯装在奉茶盘里端至客人前面，放下奉茶盘，右手轻握杯身，左手托底，依次双手将茶送到客人的面前，放在方便客人取饮的位置。茶放好后，向客人伸出右手，做出"请"的手势，或说"请品茶"。

2. 品茶。

品茶时要双手捧起茶杯，收至自己胸前。然后右手拿杯的中下部，左手手指轻托杯底，先闻香气，然后观赏清澈碧绿的茶汤和嫩匀成朵、上下沉浮或直立杯中的茶芽，最后细细品啜鲜爽、甘醇、回味无穷的茶汤滋味。

3. 续水。

当客人杯中的茶汤尚余 1/3 杯时，为客人将水续至 7 分满。一般至少续两次水。

4. 收具。

当客人品完茶后，把茶具收回茶盘，撤回。然后进行清洗。

达标测试

达标测试表

班级：　　　　　　组别：　　　　学号：　　　　　　姓名：

序号	测试内容	评分标准	应得分	扣分	实得分
1	布具	物品齐全，摆放整齐，有美感，便于操作	10		
2	取茶赏茶	手法正确，动作规范	10		
3	润杯	手法正确，动作规范、优美	10		
4	置茶冲泡	手法正确，动作规范、优美	30		
5	奉茶	手法正确，动作规范，礼仪周全	10		
6	品茶	手法正确，动作规范，能感受茶叶的色香味	10		
7	茶叶品质	能充分展现茶品的品质	10		
8	姿态、礼仪	姿态正确、优美，礼仪周全	10		
合　计			100		

实训　泡茶基本技法训练

实训目的

1. 通过本项目的实训，使学生了解行茶过程中手法的重要性。

2. 让学生掌握取样置茶手法、投茶手法、冲泡手法、奉茶手法、品茗手法。

3. 规范行茶动作，增加行茶过程的美感，培养学生对美的感悟能力。

实训场地与器具

茶艺实训室、茶艺桌、椅子、茶巾、茶叶罐、茶匙组合、茶壶、茶盅、玻璃杯、盖碗、品茗杯、闻香杯等。

实训要求

呼吸自然，调息静气；手腕灵活，肌肉张弛协调，动作规范、协调自然，舒展大方；姿态端庄，表情自然。

实训时间

2 学时。

实训方法

1. 教师讲解示范。

2. 学生分组练习。

实训内容与操作标准

1. 取样置茶手法。

技法要领：茶则舀取茶叶，茶匙拨动茶叶，壶嘴粗茶，壶把细茶。

基本步骤：

（1）用茶则舀取样茶罐中的茶叶放入茶荷中或将样茶罐中的茶叶用茶匙拨入茶荷中，取样量已够时，用匙背面上挑，将罐边缘的茶拨回罐中，左手将样罐竖起，右手将茶则或茶匙插入著匙筒中；盖好茶罐复位。

（2）双手托拿茶荷进行赏茶（右手在前，左手在后）。

（3）若用茶杯冲泡，则左手拿茶荷，右手用茶匙将茶荷中的茶叶分成每杯的用茶量，用茶匙将茶叶拨入茶杯中。

（4）若用茶壶冲泡，用茶匙将茶荷中的茶叶拨入壶中，注意将粗大的茶叶拨入壶嘴一侧，细小的茶叶拨入壶把一侧。

2. 投茶手法。

技法要领：上、中、下投茶法均要能使茶叶较快下沉。

基本步骤：

（1）上投法：先将开水斟入杯中至七分满，再将茶叶投入杯中。

（2）中投法：先斟 1/3 杯的水，再投茶，或先投茶，再冲 1/3 杯的水，润茶 3 分钟后，再将水加到七分满。

（3）下投法：先将茶投入杯中、再一次性冲水至七分满。

3. 冲泡手法。

技法要领：高冲，回旋斟水，凤凰三点头。

基本方法：

（1）高冲法。托提壶或握提壶，高冲。单手回转低斟高冲法：回转低斟，然后高冲。

（2）回旋斟水法。单手或双手提壶均可，先从器具右侧冲入水；水从壶把处冲入，（右手）逆时针方向转动手腕，使水从右前左后打圈冲入。

（3）凤凰三点头冲泡法。单或双手提壶均可，三上三下冲水而水流粗细均匀不间断。

4. 奉茶手法。

技法要领：正面、右面、左面奉茶。

基本步骤：

（1）正面奉茶。双手端起茶杯，收至自己胸前；从胸前将茶杯端至客人面前桌面，轻轻放下；或双手端杯递送到客人手中。伸出右掌，手指自然合拢示意"请"或微笑点头示意。

（2）左侧奉茶。先用双手端起茶杯，收至自己胸前；再用左手端茶放在左侧客人面前，同时右手掌轻托左前臂；然后左手伸掌示意"请"或微笑点头示意。

（3）右侧奉茶。先双手端起茶杯收至自己胸前，再用右手端茶放在右侧客人面前，同时左手掌轻托右前臂；然后伸右手掌示意"请"或微笑点头示意。

5. 品茗手法。

（1）玻璃杯品茗法。

技法要领：右手拿杯，左手托底，闻香观色，小口啜饮。

基本步骤：双手捧起茶杯，收至自己胸前。然后右手拿杯的中下部，左手手指轻托杯底，闻香，观赏汤色，小口品啜。

（2）盖碗品茗法。

技法要领：掀盖观色，持盖闻香，撇茶3次，虎口对嘴啜饮。

基本步骤：

①右手端住杯托右侧，左手托住底部端起茶碗；用右手拇指、食指、中指捏住盖钮掀开盖，持盖至鼻前闻香。

②左手端碗，右手持盖向外撇茶三次，以观汤色。

③右手将盖侧斜盖放碗口；双手将碗端至嘴前，右手转动手腕，嘴与虎口正对啜饮。

（3）闻香杯与品茗杯品茗法。

①闻香杯与品茗杯翻杯技法一。

技法要领：反扣、反夹、内旋手腕、手心向下。

基本步骤：

A. 左手扶住茶托，右手拿起品茗杯反扣在盛有茶水的闻香杯上。

B. 右手用食指、中指反夹闻香杯，拇指抵在品茗杯杯底上，手心向上。

C. 内旋右手腕，使手心向下，拇指托住品茗杯；左手端住品茗杯，然后双手将品茗杯连同闻香杯一起放在茶托右侧。

②闻香杯与品茗杯翻杯技法二。

技法要领：反扣、正捏、外旋手腕、手心向上。

基本步骤：

A. 左手扶住茶托，右手端起品茗杯倒扣在盛有茶水的闻香杯上，然后拇指、中指捏住闻香杯，食指抵在品茗杯底。

B. 右手手腕外旋，手心向上，食指托住品茗杯；左手捏住品茗杯，然后双手一起将品茗杯连同闻香杯一起放在茶托右侧。

③闻香与品茗手法。

技法要领：旋转提杯、握杯闻香、三口品啜。

基本步骤：

A. 左手扶住品茗杯，右手旋转闻香杯后提起，在品茗杯口刮一下水。

B. 右手提起闻香杯后直握于手心。

C. 左手斜搭于右手外侧上方闻香，使杯中的香气集中进入鼻孔。

D. 用拇指、中指捏住杯壁，无名指抵住杯底，食指挡在杯上方，男性单手端杯，女性左手手指托住杯底；也可用拇指、食指捏住杯壁，中指抵住杯底，呈三龙护鼎之势；小口品啜，一般一小杯茶分三口品饮。在不用闻香杯的场合，饮尽茶汤后闻品茗杯，手法同闻香杯。

达标测试

达标测试表

班级：　　　　　　组别：　　　　学号：　　　　　　姓名：

序号	测试内容	评分标准	应得分	扣分	实得分
1	取样置茶手法	手法正确，动作规范	20		
2	投茶手法	手法正确，动作规范	20		
3	冲泡手法	手法正确，动作规范	20		
4	奉茶手法	手法正确，动作规范	20		
5	品茗手法	手法正确，动作规范	20		
合　计			100		

实训　红茶调饮茶艺

实训目的

1. 让学生掌握调饮红茶的配制原则。

2. 通过本项目的实训，使学生掌握牛奶红茶和柠檬冰红茶的调制方法。

实训场地与器具

茶艺实训室、白瓷茶壶1把，煮水器1套、奶锅1个、奶罐1个、汤滤及支架1套、玻璃公道杯1个、茶盘或水盂1个、瓷咖啡杯若干只（因人数而定）、茶叶罐1个、滇红工夫茶或红碎茶适量、茶匙组合1套、糖罐1个、小匙若干、茶巾1条、小玻璃碟1个（放置柠檬片）、玻璃碗1个（放置冰块）、造型工艺玻璃杯若干只。

实训要求

掌握好投茶量，奶茶和柠檬冰红茶的配制程序正确，调出的饮品要适口并有一定的情趣与美感。

实训时间

2学时。

实训方法

1. 教师讲解示范。

2. 学生分组练习。

实训内容与操作标准

1. 奶红茶茶艺。

（1）备具。

在悠扬的轻音乐声中将白瓷茶壶、煮水器、奶锅、奶罐、汤滤、玻璃公道杯、瓷咖啡杯、茶叶罐、茶匙组合、糖罐，茶巾在茶桌相应位置摆放好。

（2）煮水。

将泡茶所需的水煮上。

（3）温煮牛奶。

用单柄锅将牛奶煮到 60～70℃，然后倒入奶罐中。

（4）温壶烫盏。

将茶壶及其杯具用烧开的沸水温洗一遍。

（5）投茶。

按茶水比约为 1：25～1：30 的比例将适量红碎茶用茶则取出，投入壶中。

（6）冲泡。

用水温为 95～100℃的沸水冲泡红茶。

（7）浸润。

盖上壶盖，浸润 5 分钟。

（8）注奶入杯。

将温热的牛奶缓缓注入茶杯中。

（9）出汤分茶。

用汤滤将茶汤过滤入公道杯中，再将茶汤均匀分到已加好牛奶的品茗杯中，然后在茶杯中添加适量方糖或白砂糖。

（10）敬茶。

将奶红茶敬献给各位宾客。敬茶时加一把小匙。

（11）闻香品味。

奶红茶乳香、茶香交融，茶味、奶味调和，口感丰富，营养全面。

（12）收具。

在客人饮完茶后，向客人行礼致谢。然后收理清洁器具。

2. 柠檬冰红茶茶艺。

（1）备具。

在轻快悠扬的轻音乐声中将茶壶、煮水器、茶叶罐、小玻璃碟（放置柠檬片）、糖罐、玻璃碗（放置冰块）、汤滤及支架、公道杯、工艺玻璃杯、茶匙组合、茶巾等器具排列放好。

（2）煮水。

将备好的水煮上。

（3）温壶涤具。

用煮沸的开水将茶壶、公道杯、品茗杯等浇淋清洗。

（4）取茶投茶。

用茶则将适量红碎茶从茶叶罐中舀出，以茶水比约为 1：25 的量拨入茶壶中。

（5）冲泡。

用凤凰三点头的技法冲泡。

（6）浸润。

盖上壶盖，将红茶浸润 5 分钟。

（7）添加配料。

在玻璃杯中加入六七分满的碎冰，再放置三四片柠檬片，再加入适量方糖或白

砂糖。

（8）出汤。

将茶水用汤滤过滤入公道杯中，然后将茶水浇注到杯中。

（9）装饰。

将茶汤与碎冰轻轻拌匀，再加入适量碎冰。然后在杯口夹上一片柠檬片或用竹签穿上红色或绿色的樱桃搭放在杯口加以装饰。

（10）奉茶。

将制作好的柠檬冰红茶依次敬给宾客。

（11）品茶。

浓郁的红茶香与柠檬的清香交织，柠檬片黄绿相间，茶汤红艳明亮，滋味酸甜可口、清凉可人。

（12）收具。

当客人品完茶后，把茶具收回茶盘，撤回。然后进行清洗。

达标测试

达标测试表

班级：　　　　　组别：　　　　学号：　　　　　　姓名：

序号	测试内容	得分标准	应得分	扣分	实得分
1	备具	物品齐全，摆放整齐，具有美感，便于操作	10		
2	投茶	投茶量适宜	10		
3	配料	配料选择适当	10		
4	冲泡	冲泡技法熟练	30		
5	调制	调制程序正确	10		
6	创意	有一定创意、有情趣	10		
7	饮品质量	调制出的饮品适口	10		
8	姿态、礼仪	姿态优美，礼仪周全	10		
合　　计			100		

实训　红茶清饮茶艺

实训目的

1. 通过本项目的实训，使学生掌握清饮红茶瓷盖碗冲泡法和壶泡法的基本技能。

2. 让学生学会根据茶叶的品质来选择茶具和冲泡方法，掌握泡茶的操作规范和礼仪。

实训场地与器具

茶艺实训室、红釉或白瓷盖碗 1 个、瓷质品茗杯 4 个、紫砂壶 1 个、紫砂品茗杯

（内壁纯白）4 个、茶匙组合 1 套、茶叶罐 1 个、滇红工夫茶适量、茶荷 1 个、随手泡 1 套、茶盘 1 个、茶巾 1 条、玻璃茶海 1 个、汤滤及支架 1 套。

实训要求

熟练掌握温壶温杯手法，熟练运用回旋斟水、凤凰三点头等冲泡技法。掌握盖碗泡法和壶泡法规范的操作流程及正确的动作要领，动作舒展大方。

实训时间

2 学时。

实训方法

1. 教师讲解示范。

2. 学生分组练习。

实训内容与操作标准

1. 红茶瓷盖碗冲泡法。

（1）备具。

将随手泡放在茶盘外右侧桌面，茶匙组合放在茶盘外左侧桌面，茶叶罐捧至茶匙组合外侧桌面放下，茶荷放在茶叶罐与茶匙组合之间靠身前的位置，瓷质品茗杯 4 个在茶盘前位上呈一字摆开或呈弧形排放，将汤滤、茶海、瓷盖碗放在茶盘后位（内侧），将茶巾折叠好放在身前桌面上。

（2）煮水。

将泡茶所需的泉水煮上。

（3）备茶。

用茶匙拨取适量滇红工夫茶，置于茶荷中。

（4）赏茶。

让客人欣赏干茶。同时向客人介绍滇红特级工夫茶的产地、品质：产于滇红故乡凤庆的滇红特级工夫茶外形条索紧直肥嫩，锋苗完整，色泽乌润，金毫显著，焦糖香浓郁。

（5）温杯。

将瓷盖碗、茶海、品茗杯等用刚刚沸腾的泉水浇淋，依次清洗。

（6）投茶。

用茶匙将茶叶拨到瓷盖碗中。

（7）冲泡。

提起水壶，对准瓯杯，先低后高冲入，水温 95℃ 左右。

（8）浸润。

盖上杯盖，润茶。

（9）出汤观色。

右手提起盖碗轻摇后将茶汤斟入玻璃茶海中，拿起茶海让客人观赏红艳明亮的汤色。

（10）分茶、奉茶。

将茶海中的茶汤均分到品茗杯中，敬献给客人。

（11）闻香品味。

滇红茶甜香馥郁，滋味浓厚鲜醇，甘爽宜人，富有刺激性。

（12）收具。

在客人饮完茶后，向客人行礼致谢。然后收理清洁器具。

2．红茶紫砂壶泡法。

（1）备具。

将紫砂茶壶、煮水器、汤滤、公道杯、茶叶罐、茶匙组合、茶荷、紫砂品茗杯、茶巾，在茶桌上相应位置摆放好。

（2）煮水。

将准备好的清泉水烧上。

（1）备茶。

将茶叶罐中的滇红工夫茶用茶则轻轻舀取，放入茶荷中。介绍备泡的茶叶：产于凤庆的滇红工夫茶，其外形条索紧结，肥硕雄壮，香气浓郁，色泽乌润，金毫显著。

（2）温壶烫盏。

用烧开的泉水温烫洗茶壶、公道杯、汤滤、品茗杯。

（3）投茶。

揭开壶盖，将茶漏放在壶口，将备好的茶叶用茶匙轻轻拨入茶壶中。

（4）冲泡。

用高冲法煮水入壶。

（5）浸润蓄香。

盖上壶盖，浸润茶叶 3 分钟。

（6）清洁品杯。

用茶夹逐个夹取品茗杯，轻轻转动手腕，然后弃去杯中水，将品茗杯清洗干净。

（7）摇壶低斟。

拿起茶壶，轻轻摇动，将茶汤低斟入公道杯中。再将公道杯中的茶汤均匀分到品茗杯中。

（10）敬茶。

向各位宾客奉茶。

（11）闻香品韵。

闻香气，感受浓郁温馨的焦糖香，欣赏红艳明亮宛如流霞的汤色，品滋味，浓厚鲜爽，富有刺激性。

（12）谢茶收具。

当客人品完茶后，把茶具收回茶盘，撤回。然后进行清洗。

达标测试

达标测试表

班级： 组别： 学号： 姓名：

序号	测试内容	评分标准	分值	扣分	实得分
1	备具	物品齐全，摆放整齐，具有美感，便于操作	10		
2	取茶赏茶	动作规范、优美	10		
3	润杯	动作规范、优美	10		
4	置茶冲泡	茶不泼洒，冲泡动作规范优美	30		
5	奉茶	手法正确，有礼貌	10		
6	品茶	手法正确	10		
7	茶叶品质	能充分展现出茶品的品质	10		
8	姿态、礼仪	姿态优美，礼仪周全	10		
合　计			100		

附录一 茶艺师常用英语

会话一（Dialogue one）

1．Good evening，sir. How many?

先生，晚上好！几位？

2．Two.

两位。

3．Follow me，Please.

请跟我来。

4．Could I have a table next to window?

我要个靠窗的位子。

5．Yes，could you mind taking seat here?

请您这边坐好吗？

6．Very good，thank you.

很好，谢谢！

7．You're welcome.

不客气。

New Words 生词

1．follow. *vt*. 接着，跟着

2．table. *n*. 桌子，餐桌

3．next. *adj*. 下次的，同……邻接的，隔壁的

4．window. *n*. 窗，窗口

5．welcome. *adj*. 受欢迎的

会话二（Dialogue one）

1. Good afternoon，sir. May I help you?

先生，下午好！能为您效劳吗？

2. We need a room for four，please.

我们要一个四人的包厢。

3. Do you have a reservation，sir?

请问先生您有预定吗？

4. I'm afraid，we don't.

没有。

5. Sorry sir，we don't have vacant rooms at the moment.

很抱歉先生，现在没有空包厢了。

6. How about the seats here by the window?

这个靠窗的座位怎样？

7. Ok. Very well!

行！

New Words 生词

1. need. *n*. 需要，必要

2. reservation. *n*. 保留，预定

3. afraid. *adj*. 害怕，恐怕

4. vacant. *adj*. 空的，空着的

会话三（Dialogue one）

1. How much?

多少钱？

2. The total is two hundred yuan.

一共 200 元。

3. Do you accept credit cards?

你们接受信用卡吗？

4. I'm sorry, we only accept cash.

对不起，我们只收现金。

5. Ok，here is the money.

行，给您钱。

6. Thanks，here is your receipt.

谢谢！给您发票。

7. Thank you.

谢谢！

8. You're welcome，please come again.

谢谢！欢迎您再次光临。

New Words 生词

1. total . *adj* . 总的，全体的

2. two hundred yuan. 200 元

3. receipt. *n*. 收到，收据

4. again. *adv*. 再，又一次

茶叶分类（The classifications of tea）

1. Usually Chinese tea can be classified into six categories.

中国茶通常可分为六大类。

2. They are Green tea，Black tea，Oolong tea，Yellow tea，White tea and Dark tea.

它们是绿茶、红茶、乌龙茶、黄茶、白茶和黑茶。

3. Green tea is the most abundant and most numerous in kinds of tea in China.

绿茶是中国茶类中产量最大、品种最多的茶类。

4. The main species of Black tea are Black gongfu，Souchong black broken tea and Black tea.

红茶可分为工夫红茶、红碎茶和小种红茶。

5. The famous Oolong tea in China are Dahongpao，Tie-guanyin，Huangjingui，Fenghuang-shuixian，Dongding-oolong，etc.

中国著名的乌龙茶有大红袍、铁观音、黄金桂、凤凰水仙、冻顶乌龙等。

New Words 生词

1. Usually. *adv*. 常常，通常

2. classify. *vi*. 分类，归类

3. category. *n*. 种类，范畴

4. abundant. *adj*. 丰富的，盛产的

5. kind. *n*. 类，属，种类

6. famous. *adj*. 著名的

Green tea 绿茶

1. Green tea is non-fermented tea.

绿茶属不发酵茶。

2. Green ten can be classified into roasted green tea，baked green tea，solar-dried green tea and steamed green tea.

绿茶可分为炒青绿茶、烘青绿茶、晒青绿茶和蒸青绿茶。

3. Green tea is mainly produced in the lower reach of Yangtte River.

绿茶主要产于长江中下流一带。

4. Zhejiang province is one of the main production areas of green tea.

浙江省是绿茶的主产地之一。

5. Xihu Longjing（Dragon Well tea）is famous and traditional green tea.

西湖龙井是传统的名优绿茶。

6. The appearance of high-quality green tea has green color，delicate aroma，mellow taste and beautiful shape.

优质绿茶的品质特点是以色绿、香高、味甘、形美而著称的。

7. The high-quality green tea contains the most quantity of vitamins，catechin and protein in all kinds of tea.

优质绿茶是各茶类中维生素、茶多酚及蛋白质等含量最多的茶。

New Words 生词

1 non-fermented. *adj*. 不发酵

2. roasted green tea 炒青绿茶

3. solar-dried green tea 晒青绿茶

4. traditional. *adj*. 传统的

5. delicate. *adj*. 娇嫩的，有风味的

6. aroma. *n*. 香气，香味

7. mellow. *adj*. 芳醇的

8. mellow taste 醇厚的（茶味）

9. shape. *n*. 样子，形状

10. high-quality. *adj*. 高质量，高档

11. contain. *vt*. 包括，包含

12. vitamin. *n*. 维生素，维他命

13. catechin. *n*. 茶多酚

14. protein. *n*. 蛋白质

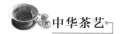
Black tea 红茶

1. Black tea is fermented tea.

红茶属全发酵茶。

2. Black tea can be used as basic layer of rose tea.

红茶可作玫瑰花茶的茶胚。

3. The high-quality Black tea is characterized as bright and lustrous color，fresh and strong taste.

优质红茶的品质特点：汤色浓艳，滋味鲜爽，刺激性强。

4. The main characteristic of Black tea is strong and brisk tasting.

红茶的主要特点：滋味浓、强、鲜、爽。

5. The most popular Black tea are the Anhui-qihong ，Yunnan-Dianhong，Fujian-souchong Black tea，zhejiang-jiuquhongmei，etc.

常见的红茶有安徽祁红、云南滇红、福建的小种红茶和浙江的九曲红梅等。

6. The Black tea is good for stomach.

红茶可暖胃。

New Words 生词

1. ferment. *vi.* 发酵

2. fermented *tea* 发酵茶

3. rose. *n.* 蔷薇花，玫瑰花

4. character. *n.* 性格，特性

5. lustrous. *adj.* 有光彩的

6. fresh. *adj.* 新鲜的，爽快的

7. flavor. *n.* 味，风味

8. characteristic. *adj.* 本性的，独特的，特有的

9. popular. *adj.* 常见的，流行的

10. stomach. *n.* 胃

Oolong tea 乌龙茶

1. Oolong tea is semi-fermented tea.

乌龙茶属半发酵茶。

2. Oolong tea is produced in Fujian，Taiwan and Guangdong Provinces.

乌龙茶产于福建、台湾和广东。

3. According to the genus of tea，processing method and the quality of tea，Oolong tea can be classified into Shuixian (narcissus)，Fenghuang Dancong (Phoenix Select)，Tie-guanying，Huang-jingui，Baozhong and so on.

乌龙茶根据茶树品种、加工方式和品质特征可分为水仙、凤凰单枞、特观音、黄金

桂和包种等。

4 Each kind of the Oolong tea has its own unique flavor.

每个品种的乌龙茶都有其独特的茶韵。

5. Oolong tea is described as "green leaf with red border".

乌龙茶有"绿叶镶红边"之称。

附录二 茶艺师理论知识复习资料

一、单项选择题

1. 职业道德是人们在职业工作和劳动中应遵循的与（　　）紧密相连的道德原则和规范总和。

    A. 法律法规　　　　　　　　　　B. 文化修养

    C. 职业活动　　　　　　　　　　D. 政策规定

2. 职业道德品质的含义应包括（　　）。

    A. 职业观念、职业技能和职业良心

    B. 职业良心、职业技能和职业自豪感

    C. 职业良心、职业观念和职业自豪感

    D. 职业观念、职业服务和受教育的程度

3. 遵守职业道德的必要性和作用，体现在（　　）。

    A. 促进茶艺从业人员发展，与提高道德修养无关

    B. 促进个人道德修养的提高，与促进行风建设无关

    C. 促进行业良好风尚建设，与个人修养无关

    D. 促进个人道德修养、行风建设和事业发展

4. 茶艺师职业道德的基本准则，就是指（　　）。

    A. 遵守职业道德原则，热爱茶艺工作，不断提高服务质量

    B. 精通业务，不断提高技能水平

    C. 努力钻研业务，追求经济效益第一

    D. 提高自身修养，实现自我提高

5. 开展道德评价具体体现在茶艺人员之间（　　）。

    A. 相互批评和监督　　　　　　　B. 批评与自我批评

    C. 监督和揭发　　　　　　　　　D. 学习和攀比

6. 下列选项中，（　　）不属于培养职业道德修养的主要途径。

    A. 努力提高自身技能　　　　　　B. 理论联系实际

    C. 努力做到"慎独"　　　　　　D. 检点自己的言行

7. 下列选项中，不属于真诚守信的基本作用的是（　　）。

    A. 有利于企业提高竞争力　　　　B. 有利于企业树立品牌

C.　树立企业信誉　　　　　　　　　　D.　提高技术水平

8.　钻研业务、精益求精具体体现在茶艺师不但要主动、热情、耐心、周到地接待品茶客人，而且必须（　　）。

A.　熟练掌握不同茶品的沏泡方法　　　B.　专门掌握本地茶品的沏泡方法

C.　专门掌握茶艺表演方法　　　　　　D.　掌握保健茶或药用茶的沏泡方法

9.　（　　）在宋代的名称叫茗粥。

A.　散茶　　　　　B.　团茶　　　　　C.　末茶　　　　　D.　擂茶

10.　用黄豆、芝麻、姜、盐、茶合成，直接用开水沏泡的是宋代（　　）。

A.　豆子茶　　　　B.　薄荷茶　　　　C.　葱头茶　　　　D.　黄豆茶

11.　社会鼎盛是唐代（　　）的主要原因。

A.　饮茶盛行　　　B.　斗茶盛行　　　C.　习武盛行　　　D.　对弈盛行

12.　（　　）茶叶的种类有粗、散、末、饼茶。

A.　汉代　　　　　B.　元代　　　　　C.　宋代　　　　　D.　唐代

13.　宋代（　　）的产地是当时的福建建安。

A.　龙团茶　　　　B.　粟粒茶　　　　C.　北苑贡茶　　　D.　蜡面茶

14.　宋代（　　）的主要内容是看汤色、汤花。

A.　泡茶　　　　　B.　鉴茶　　　　　C.　分茶　　　　　D.　斗茶

15.　宋徽宗赵佶写有一部茶书，名为（　　）。

A.《大观茶论》　　　　　　　　　　　B.《品茗要录》

C.《茶经》　　　　　　　　　　　　　D.《茶谱》

16.　点茶法是（　　）的主要饮茶方法。

A.　汉代　　　　　B.　唐代　　　　　C.　宋代　　　　　D.　元代

17.　茶树性喜温暖、（　　），通常在 18～25℃气温之间最适宜生长。

A.　干燥的环境　　B.　湿润的环境　　C.　避光的环境　　D.　阴冷的环境

18.　茶树适宜在土质疏松、排水良好的（　　）土壤中生长，以酸碱度在 4.5～5.5 之间为最佳。

A.　中性　　　　　B.　酸性　　　　　C.　偏酸性　　　　D.　微酸性

19.　绿茶的发酵度为零，故属于不发酵茶类。其茶叶颜色翠绿，茶汤（　　）。

A.　橙黄　　　　　B.　橙红　　　　　C.　黄绿　　　　　D.　绿黄

20.　红茶类属于全发酵茶类，故其茶叶颜色深红，茶汤呈（　　）。

A.　橙红色　　　　B.　朱红色　　　　C.　紫红色　　　　D.　黄色

21.　制作乌龙茶对鲜叶原料的采摘要求两叶一芽，大都为对口叶，（　　）。

A.　芽叶幼嫩　　　B.　芽叶已老化　　C.　芽叶中熟　　　D.　芽叶已成熟

22.　基本茶类分为不发酵的绿茶类及（　　）的黑茶类等，共六大茶类。

A.　重发酵　　　　B.　后发酵　　　　C.　轻发酵　　　　D.　全发酵

23.　红茶、绿茶、乌龙茶的香气主要特点是（　　）。

A.　红茶清香，绿茶甜香，乌龙茶浓香

B.　红茶甜香，绿茶花香，乌龙茶熟香

C. 红茶浓香，绿茶清香，乌龙茶甜香

D. 红茶甜香，绿茶板栗香，乌龙茶花香

24. （　　）茶具是和其他食物公用木制或陶制的碗，一器多用，没有专用茶具。

A. 原始社会　　　　B. 西汉时期　　　　C. 唐宋时期　　　　D. 明清时期

25. 茶具这一概念最早出现于西汉时期（　　）中"武阳买茶，烹茶尽具"。

A. 王褒《茶谱》　　B. 陆羽《茶经》　　C. 陆羽《茶谱》　　D. 王褒《僮约》

26. 宋代哥窑的产地在（　　）。

A. 浙江杭州　　　　B. 河南临汝　　　　C. 福建建州　　　　D. 浙江龙泉

27. 青花瓷是在（　　）上缀以青色文饰，清丽恬静，既典雅又丰富。

A. 玻璃　　　　　　B. 黑釉瓷　　　　　C. 白瓷　　　　　　D. 青瓷

28. 景瓷宜陶是（　　）茶具的代表。

A. 宋代　　　　　　B. 元代　　　　　　C. 明代　　　　　　D. 现代

29. （　　）又称"三才碗"，蕴含"天盖之，地载之，人育之"的道理。

A. 兔毫盏　　　　　B. 玉书煨　　　　　C. 盖碗　　　　　　D. 茶荷

30. 当下列水中（　　）称为硬水。

A. Cu^{2+}、Al^{3+}的含量大于 8 mg/L。　　B. Fe^{2+}、Fe^{3+}的含量大于 8 mg/L。

C. Zn^{2+}、Mn^{2+}的含量大于 8 mg/L。　　D. Ca^{2+}、Mg^{2+}的含量大于 8 mg/L。

31. 下列（　　）井水，水质较差，不适宜泡茶。

A. 柳毅井　　　　　B. 文君井　　　　　C. 城内井　　　　　D. 薛涛井

32. 要泡好一壶茶，需要掌握茶艺的（　　）要素。

A. 七　　　　　　　B. 六　　　　　　　C. 五　　　　　　　D. 三

33. 判断好茶的客观标准主要从茶叶外形的匀整、色泽、（　　）、净度来看。

A. 韵味　　　　　　B. 叶底　　　　　　C. 品种　　　　　　D. 香气

34. 陆羽的《茶经》中指出：其水，用山水上，（　　）中，井水下，其山水，拣乳泉石池漫流者上。

A. 河水　　　　　　B. 溪水　　　　　　C. 泉水　　　　　　D. 江水

35. 在茶艺演示冲泡茶叶过程中的基本程序是：备器、煮水、备茶、温壶（杯）、置茶、（　　）、奉茶、收具。

A. 高冲水　　　　　B. 分茶　　　　　　C. 冲泡　　　　　　D. 淋壶

36. 在冲泡茶的基本程序中的（　　）环节讲究根据茶叶品种不同，达到的要求不同。

A. 选水　　　　　　B. 煮水　　　　　　C. 奉茶　　　　　　D. 收具

37. 在夏季冲泡茶的基本程序中，温壶（杯）的操作是（　　）。

A. 不需要的，用冷水清洗茶壶（杯）即可

B. 仅为了清洗茶具

C. 提高壶（杯）的温度，同时使茶具得到再次清洗

D. 只有消毒杀菌的作用

38. 在冲泡茶的过程中，以下（　　）动作是不规范的，不能体现茶艺师对宾客的

敬意。

A. 用杯托双手将茶奉到宾客面前　　　　B. 用托盘双手将茶奉到宾客面前

C. 双手平稳奉茶　　　　D. 奉茶时将茶汤溢出

39. 在各种茶叶的冲泡程序中，（　　）是冲泡技巧中的三个基本要素。

A. 茶具、茶叶品种、温壶　　　　B. 置茶、温壶、冲泡

C. 茶叶用量、壶温、浸泡时间　　　　D. 茶叶用量、水温、浸泡时间

40. 由于舌头各部位的味蕾对不同滋味的感受不一样，在品茶汤滋味时，应（　　），才能充分感受茶中的甜、酸、鲜、苦、涩味。

A. 含在口中，不要急于吞下

B. 将茶汤在口中停留、与舌的各部位打转后

C. 立即咽下

D. 小口慢吞

41. 茶叶中含有（　　）多种化学成分。

A. 100　　　　B. 300　　　　C. 600　　　　D. 1000

42. 茶叶中的多酚类物质主要由（　　）、黄酮类化合物、花青素和酚酸组成。

A. 叶绿素　　　　B. 茶黄素　　　　C. 茶红素　　　　D. 儿茶素

43. 不同季节的茶叶中维生素的含量是最高的是（　　）。

A. 春茶　　　　B. 暑茶　　　　C. 秋茶　　　　D. 冬片

44. 下列（　　）属于茶叶国家强制性标准的内容。

A. 产品质量标准　　　　B. 加工验收标准

C. 茶叶销售标准　　　　D. 检验方法标准

45. 当劳资关系发生纠纷时，纠纷初起阶段解决纠纷的机构有（　　）。

A. 劳动仲裁委员会　　　　B. 劳动争议仲裁委员会

C. 本单位劳动争议调解委员会　　　　D. 人民法院

46. 在荷兰旅居的阿拉伯人喜爱饮（　　）。

A. 红茶　　　　B. 薄荷绿茶　　　　C. 绿茶　　　　D. 花茶

47. 英国人泡茶用水颇为讲究，必须用（　　）。

A. 生水现烧　　　　B. 开水凉冷后冲泡

C. 冰水冲泡　　　　D. 刚沸的水冲泡

48. 马来西亚传统喝的是"拉茶"，其用料与（　　）差不多，制作特点是用两个距离较远的杯子将茶倒来倒去。

A. 果茶　　　　B. 糖茶　　　　C. 奶茶　　　　D. 薄荷茶

49. 在接待新加坡客人时，（　　）不是禁忌色。

A. 红色　　　　B. 紫色　　　　C. 白色　　　　D. 黄色

50. 在茶艺服务中接待马来西亚客人时，不宜使用（　　）茶具。

A. 绿色　　　　B. 黄色　　　　C. 橙红色　　　　D. 宝蓝色

51. 在茶艺服务中接待德国客人时，不要向其推荐（　　）茶点。

A. 花生　　　　B. 开心果　　　　C. 李干　　　　D. 核桃

52. 茶艺师在接待外宾时，要以（　　）的姿态出现，特别要注意维护国格和人格。

　　A. 民间外交官　　　　　　　　　　B. 中国传统礼仪官
　　C. 中国茶文化传播大使　　　　　　D. 主人翁

53. 茶艺师在接待外宾的服务中应（　　）。

　　A. 以因人而异、看客施礼的态度对待
　　B. 以"来者都是客"的真诚态度对待
　　C. 细心观察宾客的服饰，以不同态度对待
　　D. 根据宾客国籍的不同采取不同的服务态度

54. 在茶艺的接待服务中，遇到宾客提出无理要求时，（　　）最为妥当。

　　A. 顺应宾客的要求
　　B. 只要宾客的要求对经营有利可图，就尽可能地满足
　　C. 耐心解释，当宾客意识到失礼时，以宽容的姿态对待
　　D. 将宾客的要求放在一边，不予理睬或转移话题

55. "请您稍等一下好吗？"用英语表述错误的是（　　）。

　　A. Would you mind waiting for a while?
　　B. Would you mind waiting for a second?
　　C. Would you mind wait?
　　D. Would you mind waiting for a moment?

56. "很抱歉让您久等了。"用英语最妥当的表述是（　　）。

　　A. I'm sorry.
　　B. I'm sorry to have kept you waiting.
　　C. I'm sorry to be kept waiting.
　　D. Sorry to wait so long.

57. ち会いてきて光荣てす 的意思是（　　）。

　　A. 你想要点什么　　　　　　　　　B. 请问几位
　　C. 很荣幸见到您　　　　　　　　　D. 最近怎么样

58. 电话番号をち教え原えませへか 的意思是（　　）。

　　A. 请问您的地址　　　　　　　　　B. 请问您的电话号码
　　C. 请问您的大名　　　　　　　　　D. 请您这边走

59. ちみません、夕へつを吸つてもいいてちか 的意思是（　　）。

　　A. 这座位有人吗　　　　　　　　　B. 还需要什么吗
　　C. 请问我可以在这里吸烟吗　　　　D. 请问卫生间在哪

60. 折返しお电话をいこごけますか的意思是（　　）。

　　A. 请稍等，他正在接电话　　　　　B. 请慢一点说
　　C. 您是哪一位　　　　　　　　　　D. 请他给我回电话

61. 雨花茶是（　　）名优绿茶的代表。

　　A. 片形　　　　　B. 扁平形　　　　　C. 针形　　　　　D. 卷曲形

62. 西湖龙井的产地是（　　）。

A. 梧州　　　　　B. 湖州　　　　　C. 苏州　　　　　D. 杭州

63. 江苏苏州的洞庭山是（　　）的产地。

A. 大方茶　　　　B. 雨花茶　　　　C. 碧螺春　　　　D. 绿牡丹

64. 碧螺春的香气特点是（　　）。

A. 甜醇带蜜糖香　　　　　　　　　　B. 甜醇带板栗香

C. 鲜嫩带蜜糖香　　　　　　　　　　D. 鲜嫩带花果香

65. 特一级黄山毛峰的色泽是（　　）。

A. 碧绿色　　　　B. 灰绿色　　　　C. 青绿色　　　　D. 象牙色

66. 具有代表性的闽南乌龙茶有（　　）、黄金桂、永春佛手、毛蟹等。

A. 铁观音　　　　B. 大红袍　　　　C. 水仙　　　　　D. 肉桂

67. （　　）的香气高强有水蜜桃香，滋味清醇、细长、鲜爽，汤色金黄。

A. 铁观音　　　　B. 黄金桂　　　　C. 毛蟹　　　　　D. 本山

68. 武夷岩茶是（　　）乌龙茶的代表。

A. 闽北　　　　　B. 闽南　　　　　C. 台南　　　　　D. 台北

69. 凤凰单枞香型因各名枞树形、叶形不同而各有差异。香气清醇浓郁，具有自然兰花清香的，称为（　　）。

A. 芝兰香单枞　　B. 杏仁香单枞　　C. 岭头单枞　　　D. 桂花香单枞

70. 在乌龙茶中（　　）程度最轻的茶是包种茶。

A. 发酵　　　　　B. 晒青　　　　　C. 包揉　　　　　D. 烘炒

71. 冻顶乌龙茶香气为兰花香、（　　）交融，滋味甘滑爽口。

A. 陈香　　　　　B. 蜜香　　　　　C. 乳香　　　　　D. 桔香

72. 白茶的香气特点是（　　）。

A. 陈香　　　　　B. 蜜香　　　　　C. 毫香　　　　　D. 花香

73. 普洱茶外形条索肥壮紧结，色泽乌褐或褐红，香气有独特（　　），滋味陈醇，汤色红浓。

A. 陈香　　　　　B. 焦香　　　　　C. 果香　　　　　D. 甜香

74. 茶具款识印有"福""寿"的是（　　）产品。

A. 御窑　　　　　B. 民间窑　　　　C. 晋窑　　　　　D. 吉州窑

75. 咸丰时民间窑茶具款识印（　　）章盛行。

A. 隶书　　　　　B. 篆书　　　　　C. 草书　　　　　D. 行书

76. 明代的董翰、赵梁、元锡、时朋号称制壶（　　）。

A. 四专家　　　　B. 四名家　　　　C. 四妙手　　　　D. 四大家

77. （　　）特点是在紫砂壶上镌刻书画、题铭，融砂壶、诗文、书画于一体。

A. 孟臣壶　　　　B. 曼生壶　　　　C. 鸣远壶　　　　D. 大亨壶

78. （　　）喝茶的茶具是木头雕刻的小碗，称为"贡碗"，木碗花纹细腻，造型美观，具有散热慢的特点。

A. 藏族　　　　　B. 维吾尔族　　　　C. 蒙古族　　　　D. 苗族

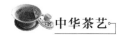

79. （　　）盛装奶茶的高筒茶壶称为"温都鲁"，一般用桦木制成，圆锥形，壶身有四五道金属箍，箍上刻有各色花纹。

　　A. 藏族　　　　　　B. 维吾尔族　　　　C. 苗族　　　　　　D. 蒙古族

80. 中国（　　）按地区名俗可分为潮汕、台湾、闽南、武夷山等四大流派。

　　A. 花茶茶艺　　　　B. 工夫茶艺　　　　C. 擂茶茶艺　　　　D. 绿茶茶艺

81. 潮汕工夫茶必备的"四宝"中的"若琛杯"是指精细的（　　）。

　　A. 紫砂小品茗杯　　　　　　　　　　B. 白色小瓷杯

　　C. 青色小瓷杯　　　　　　　　　　　D. 黑釉小瓷杯

82. "列器备茶"是潮汕工夫茶茶艺演示的（　　）程序。

　　A. 最后　　　　　　B. 第五道　　　　　C. 第六道　　　　　D. 第一道

83. 潮汕工夫茶茶艺中"烫壶温盅"的目的是（　　）。

　　A. 去除杂质　　　　　　　　　　　　B. 提高茶壶和茶盅的温度

　　C. 降低茶壶和茶盅的温度　　　　　　D. 去除陈味

84. 潮汕工夫茶茶艺中"干壶置茶"是指（　　）。

　　A. 用沸水烫热茶壶　　　　　　　　　B. 将茶叶放进干热的茶壶中

　　C. 用火将茶叶烤干　　　　　　　　　D. 用沸水淋浇茶壶外壁

85. 潮汕工夫茶茶艺中"烘茶冲点"中的"烘茶"是指（　　）。

　　A. 用沸水烫热茶壶　　　　　　　　　B. 靠水温来烘茶

　　C. 用火将茶叶烤干　　　　　　　　　D. 茶壶放入壶盘中冲入开水

86. 潮汕工夫茶中"洒茶"讲究将茶水（　　）到各个小茶杯中去。

　　A. 回旋冲　　　　　B. 点冲　　　　　　C. 高冲　　　　　　D. 低斟

87. "未尝甘露味，先闻圣妙香"是指（　　）程序。

　　A. 烫杯　　　　　　B. 烘茶　　　　　　C. 候汤　　　　　　D. 品茶

88. 潮汕工夫茶以三泡为止，要求各泡的茶汤浓度（　　）。

　　A. 随心所欲　　　　B. 一致　　　　　　C. 由浓到淡　　　　D. 因人而异

89. 香港的早茶一般为一壶茶配合吃少量的食物，称为饮茶的（　　）。

　　A. 一壶两件　　　　B. 一盅两件　　　　C. 一壶两盅　　　　D. 一盅两杯

90. 香江茶艺中泡茶时将茶汤倒在壶外壁，日久后茶壶的色泽会变得（　　）。

　　A. 暗淡无光　　　　B. 粗糙发黄　　　　C. 古雅厚润　　　　D. 暗淡发黑

91. 香江茶艺中"温润泡"的目的是（　　）。

　　A. 抑制香气的溢出　　　　　　　　　B. 利于香气和滋味的发挥

　　C. 减少内含物的溶出　　　　　　　　D. 保持茶壶的色泽

92. 中国台湾地区"吃茶流"一般采用（　　）泡法，理念清晰，动作简捷，较易掌握。

　　A. 大壶　　　　　　B. 小壶　　　　　　C. 玻璃杯　　　　　D. 盖杯

93. 中国台湾地区"吃茶流"茶艺程序中"摇壶"的主要目的是（　　）。

　　A. 使茶壶光润　　　　　　　　　　　B. 促进茶香散发

　　C. 抑制茶香散发　　　　　　　　　　D. 给茶壶保温

94. 中国台湾地区"吃茶流"茶艺程序中"浇壶"的主要目的是（　　　）。

A. 给茶壶降温　　　　　　　　　B. 添水

C. 抑制茶香散发　　　　　　　　D. 保持茶壶温度

95. 中国台湾地区"吃茶流"茶艺程序中"干壶"的主要目的是（　　　）。

A. 给茶壶降温　　　　　　　　　B. 避免壶底水滴落杯中

C. 抑制茶香散发　　　　　　　　D. 保持茶壶温度

96. 中国台湾地区茶人称（　　　）为"投汤"。

A. 干壶　　　　　B. 置茶　　　　　C. 冲水　　　　　D. 斟茶

97. （　　　）又称为"三生汤"，其主要原料是茶叶、生姜、生米。

A. 奶茶　　　　　B. 擂茶　　　　　C. 竹筒茶　　　　D. 酥油茶

98. 根据地区的不同，擂茶可分为桃江擂茶、桃花源擂茶、（　　　）、临川擂茶和将乐擂茶等。

A. 安化擂茶　　　B. 凤凰擂茶　　　C. 台湾擂茶　　　D. 苏州擂茶

99. 姜盐豆子茶如单以（　　　）加茶叶冲泡，称为"豆子茶"

A. 青豆　　　　　B. 豌豆　　　　　C. 黄豆　　　　　D. 红豆

100. 罐罐茶可分为面罐茶和（　　　）两种。

A. 八宝茶　　　　B. 酥油茶　　　　C. 五福茶　　　　D. 油炒茶

二、判断题

1. （　　　）茶艺服务中的文明用语通过语气、表情、声调等与品茶客人交流时要语气平和、态度和蔼、热情友好。

2. （　　　）尽心尽职具体体现在茶艺服务中充分发挥主观能动性，用自己最大的努力尽到自己的职业责任。

3. （　　　）最早记载茶为药用的书籍是《大观茶论》。

4. （　　　）唐代煎用饼茶需经过蒸、煮、滤。

5. （　　　）茶树通过扦插繁殖后代，能充分保持母株高产和抗性的特性。

6. （　　　）审评红、绿、黄、白毛茶的审评杯碗规格，要求杯高 73 mm，杯容量 200 ml，碗高 58 mm，碗容量 200 ml。

7. （　　　）红茶的呈味物质构成有茶黄素、茶褐素、花青素等。

8. （　　　）冲泡绿茶的水温一般以 100℃ 左右为宜。

9. （　　　）泡饮乌龙茶宜用"一沸"的水冲泡。

10. （　　　）泡饮普洱茶宜用"一沸"的水冲泡。

11. （　　　）雨水和雪是比较纯净的，历来被用来煮茶，特别是雪水。

12. （　　　）品茶只用从茶的色、香来欣赏。

13. （　　　）氨基酸具有兴奋、强心、利尿、调节体温、抗酒精烟碱等药理作用。

14. （　　　）按照标准的管理权限，《乌龙茶成品茶》属于国家标准。

15. （　　　）劳动者的权益包含享有平等就业和选择就业的权利、取得劳动报酬的权利、休息休假的权利、接受职业技能培训的权利、享受社会保险和福利的权利。

16. （　　）法国人饮用的茶叶及采用的品饮方式因人而异，以饮用绿茶的人最多，饮法与英国人类似。

17. （　　）埃及人喜欢喝在茶汤中加糖的浓厚醇冽的红茶。

18. （　　）韩国的茶道分为煮茶法和点茶法。

19. （　　）韩国茶礼的过程，从迎客、环境、茶室陈设、书画、茶具造型与排列、选茶、喝茶到茶点，都有严格的规矩和程序。

20. （　　）在茶艺服务接待中，要求以我国的礼貌语言、礼貌行动、礼宾规程为行为准则。

21. （　　）守职业道德的必要性和作用，体现在促进个人道德修养的提高，与促进行风建设无关。

22. （　　）茶艺职业道德的基本准则，应包含这几方面主要内容：遵守职业道德原则，热爱茶艺工作，不断提高服务质量。

23. （　　）真诚守信是一种社会公德，它的基本作用是提高技术水平和竞争力。

24. （　　）钻研业务、精益求精具体体现在茶艺师不但要彬彬有礼地接待品茶客人，而且必须专门掌握本地茶品的沏泡方法。

25. （　　）茶树性喜温暖、湿润，在南纬50°与北纬40°间都可以种植。

26. （　　）能过茶树扦插繁殖后代，能充分保持母株高产和抗性的特性。

27. （　　）茶树是属于强酸性作物，土壤pH酸碱度在3.0以内时，仍保持有经济生产能力。

28. （　　）绿茶类属轻发酵茶，故其茶叶颜色翠绿、汤色黄。

29. （　　）红茶类属不发酵茶类，其茶叶颜色朱红，茶汤呈橙红色。

30. （　　）制作乌龙茶对鲜叶的采摘一叶一芽，大都为对口叶，芽叶已成熟。

31. （　　）基本茶类分为不发酵的绿茶类、全发酵的红茶类、半发酵的青茶类、重发酵的白茶类、后发酵的黄茶类和部分发酵的黑茶类，共六大茶类。

32. （　　）红茶的呈味物质构成有茶黄素、茶褐素、花青素等。

33. （　　）水中Co、Cd的含量大于8 mg/L的水称为硬水。

34. （　　）泡饮红茶一般将茶叶放在锅中熬煮。

35. （　　）陆羽《茶经》指出：其水，用矿泉水上，溪水中，井水下，其溪水，拣乳泉石池急流者上。

36. （　　）为了将茶叶冲泡好，在选择茶具时主要的参考因素是：看场合、看人数、看茶叶。

37. （　　）在冲泡茶的基本程序中，温壶（杯）的主要目的是为了清洗与消毒茶具。

38. （　　）提高自己的学历水平不属于培养职业道德修养的主要途径。

39. （　　）宋代"豆子茶"的主要成分是玉米、小麦、葱、醋、茶。

40. （　　）六大茶类齐全于明代。

41. （　　）茶树性喜温暖、湿润的环境，通常气温在18~25℃之间生长最适宜。

42. （　　）雨水属于软水。

参考文献

[1] 郝赛丽. 英国人的饮茶风俗 [J]. 中国茶叶, 1998 (6).

[2] 张清宏. 唐代饮茶之风 [J]. 茶叶, 2001 (4).

[3] 李丽施. 中国茶道中的道家理念研究 [J]. 茶叶, 2005 (4).

[4] 郭丹英. 儒、道、佛与中国茶文化 [J]. 茶叶, 2006 (1).

[5] 沈佐民, 曹刚. 对茶文化内涵的初探 [J]. 中国茶叶加工, 2002 (2).

[6] 沈佐民. 试论中国的茶道 [J]. 茶业通报, 2002 (2).

[7] 蒋栋元. 试论茶的文化功能 [J]. 西华师范大学学报: 哲学社会科学版, 2004 (5).

[8] 林治. 中国茶道"四谛"[J]. 福建茶叶, 1999 (4).

[9] 张一民, 周美英. 中国茶馆的演变及社会作用(续)[J]. 中国茶叶加工, 2007 (4).

[10] 林馥茗. 浅谈中国茶文化 [J]. 茶叶科学技术, 2007 (2).

[11] 刘嘉龙. 中国茶文化与休闲文化 [J]. 浙江旅游职业学院学报, 2008 (1).

[12] 丁以寿. 中国饮茶法源流考 [J]. 农业考古, 1999 (2).

[13] 英国红茶文化的光与影 [J]. 农业考古, 1999 (4).

[14] 凯亚. 世界茶坛上一幕极端之怪状——兼评威廉·乌克斯《茶叶全书》中关于茶树溯源的偏见与妄说 [J]. 农业考古, 2001 (2).

[15] 赖功欧. 茶文化与中国人生哲学(论纲)[J]. 农业考古, 2004 (4).

[16] 谢辉. 醉在茶文化之中 [J]. 教育文汇, 2005 (1).

[17] 凯亚. 略说西方第一首茶诗及其他——《饮茶皇后之歌》读后感 [J]. 中华养生保健, 2007 (1).

[18] 黄志浩. 茶与中国传统文化 [J]. 无锡南洋学院学报, 2006 (2).

[19] 姜天喜. 论中国茶文化的形成与发展 [J]. 西北大学学报: 哲学社会科学版, 2006 (6).

[20] 刘兴云, 吕永中. 试论中西方文化的差异及翻译策略 [J]. 咸宁学院学报, 2005 (4).

[21] 贾雯. 英国茶文化及其影响 [D]. 南京: 南京师范大学, 2008.

[22] 张琳洁. 现代茶文化现象研究 [D]. 杭州: 浙江大学, 2004.

[23] 黄晓琴. 茶文化的兴盛及其对社会生活的影响 [D]. 杭州: 浙江大学, 2003.

[24] 周春兰. 茶文化在明清小说中的审美价值 [D]. 南昌: 南昌大学, 2008.

[25] 宋莹. 传媒视野下的茶文化传播研究 [D]. 长春：东北师范大学，2010.

[26] 马崇坤. 试论明清时期的中日茶文化交流 [D]. 延边：延边大学，2010.

[27] 刘畅. 和——中华茶文化的灵魂 [D]. 长沙：湖南师范大学，2009.

[28] 孟祥梅. 从中日茶文化的不同点看日本茶道文化特征 [D]. 济南：山东师范大学，2007.

[29] 季少军. 茶文化旅游开发研究 [D]. 山东大学，2006.

[30] 余悦. 中国茶艺的过去、现在和未来——为中韩茶文化交流会而作 [J]. 农业考古，2002（4）.

[31] 郭雅玲. 茶道与茶艺简释 [J]. 茶叶科学技术，2004（2）.

[32] 寇丹. 草根与茶——2000年11月12日在新加坡国际茶艺研讨会上的讲话 [J]. 农业考古，2001（2）.

[33] 陈文华. 茶艺、茶道、茶文化 [J]. 农业考古，1999（4）.

[34] 余悦. 大力加强和发展茶文化教育事业——在珠海"中国茶艺教育发展座谈会"的讲话 [J]. 农业考古，2002（2）.

[35] 刘凯欣. 新加坡茶文化 [J]. 农业考古，2000（2）.

[36] 滕军. 首届全国茶道茶艺大奖赛在广西横县举行 [J]. 农业考古，2001（4）.

[37] 陈文华. 关于《禅茶》表演的几个问题 [J]. 农业考古，2001（4）.

[38] 林志宏. 谈谈茶艺 [J]. 农业考古，2001（2）.

[39] 阎莉. "茶痴"之心 [J]. 农业考古，2004（4）.

[40] 卓敏. 小议茶艺 [J]. 广东茶业，2007（3）.

[41] 覃红燕，施兆鹏. 茶艺表演研究述评 [J]. 湖南农业大学学报：社会科学版，2005（4）.

[42] 郑永球. 论茶艺的演示技艺和内容内涵 [J]. 广东茶业，2003（1）.

[43] 马守仁. 茶艺漫谈 [J]. 农业考古，2003（4）.

[44] 刘盛龙. 感悟茶艺表演 [J]. 农业考古，2004（2）.

[45] 周智修，徐南眉. 浅谈茶艺表演 [J]. 中国茶叶，1999（6）.

[46] 李瑞文，郭雅玲. 不同风格茶艺背景的分析——色彩、书法、绘画在不同风格茶艺背景中的应用 [J]. 农业考古，1999（4）.

[47] 周文棠. 茶艺表演的认识与实践 [J]. 茶业通报，2000（3）.

[48] 陈文华. 论当前茶艺表演中的一些问题 [J]. 农业考古，2001（2）.

[49] 刘钟瑞. 浅谈茶艺表演中的技艺和气质 [J]. 农业考古，2006（2）.

[50] 覃红燕，施兆鹏. 茶艺表演研究述评 [J]. 湖南农业大学学报：社会科学版，2005（4）.

[51] 马守仁. 茶艺漫谈 [J]. 农业考古，2003（4）.

[52] 郭雅玲. 乌龙茶茶艺表演艺术探讨 [J]. 福建茶叶，2004（2）.

[53] 王金水，陶德臣. 茶文化发展现状及主要趋势分析 [J]. 农业考古，2004（2）.

[54] 刘盛龙. 感悟茶艺表演 [J]. 农业考古，2004（2）.

[55] 丁以寿. 中华茶艺概念诠释 [J]. 农业考古，2002（2）.

[56] 周文棠. 茶艺表演的认识与实践 [J]. 茶业通报，2000（3）.